21 世纪全国高职高专美术·艺术设计专业
"十三五"精品课程规划教材

The "Thirteen five-year" Excellent Curriculum for Major in The Fine Art Design of
The Higher Vocational College and The Junior College in 21st Century

Composition Design in Interior
Decoration and Practice Training

室内装饰构造与实训

主　编　李　禹
副主编　王　庆　冯　璐
编　著　王英钰　张名孝

辽宁美术出版社
Liaoning Fine Arts Publishing House

21世纪全国高职高专美术·艺术设计专业
"十三五"精品课程规划教材

总 主 编　洪小冬
总 策 划　洪小冬
副总主编　彭伟哲
总 编 审　苍晓东　李 彤　申虹霓

编辑工作委员会主任　彭伟哲
编辑工作委员会副主任　童迎强
编辑工作委员会委员

申虹霓　苍晓东　李 彤　林 枫　郝 刚　王 楠
谭惠文　宋 健　王哲明　李香泫　潘 阔　王 吉
郭 丹　罗 楠　严 赫　范宁轩　田德宏　王 东
高 焱　王子怡　陈 燕　刘振宝　史书楠　王艺潼
展吉喆　高桂林　周凤岐　刘天琦　任泰元　汤一敏
邵 楠　曹 炎　温晓天

印制总监
鲁 浪　徐 杰　霍 磊

图书在版编目（CIP）数据

室内装饰构造与实训 / 王英钰等编著． — 沈阳 ：
辽宁美术出版社，2016.10（2018.7重印）
21世纪全国高职高专美术 · 艺术设计专业"十三五"
精品课程规划教材
ISBN 978-7-5314-7452-4

Ⅰ．①室…　Ⅱ．①王…　Ⅲ．①室内装饰设计–高等职
业教育–教材　Ⅳ．①TU238

中国版本图书馆CIP数据核字（2016）第243939号

出版发行　辽宁美术出版社
经　　销　全国新华书店
地址　沈阳市和平区民族北街29号　邮编：110001
邮箱　lnmscbs@163.com
网址　http：//www.lnmscbs.com
电话　024-23404603
封面设计　谭惠文　李英辉
版式设计　彭伟哲　薛冰焰　吴 烨　高 桐

印刷
沈阳绿洲印刷有限公司

责任编辑　苍晓东
技术编辑　徐 杰　霍 磊
责任校对　李 昂
版次　2017年1月第1版　2018年7月第2次印刷
开本　889mm×1194mm　1/16
印张　6.5
字数　165千字
书号　ISBN 978-7-5314-7452-4
定价　49.00元

图书如有印装质量问题请与出版部联系调换
出版部电话　024-23835227

21世纪全国高职高专美术·艺术设计专业
"十三五"精品课程规划教材

学术审定委员会主任
苏州工艺美术职业技术学院院长　　　　　　　　　　　廖　军
学术审定委员会副主任
南京艺术学院高等职业技术学院院长　　　　　　　　　郑春泉
中国美术学院艺术设计职业技术学院副院长　　　　　　夏克梁
苏州工艺美术职业技术学院副院长　　　　　　　　　　吕美利

联合编写院校委员（按姓氏笔画排列）

丁　峰	马金祥	王　礼	王　冰	王　艳	王　中
王忠喜	王宗元	王春涛	王哲生	王晓凤	王淑静
韦荣荣	韦剑华	尤长军	毛连鹏	方　楠	孔　锦
邓　军	邓澄文	石　硕	卢宗业	卢钢强	匡全农
朱小芬	朱建军	任　陶	刘　凯	刘　军	刘宝顺
刘顺利	刘洪波	刘琳琳	刘雁宁	齐　颖	闭理书
安丽杰	许松宁	孙家迅	杜　娟	杜坚敏	李新华
李满枝	杨　洋	杨　海	杨　静	杨　帆	吴　冰
吴　荣	吴　群	吴学云	邱冬梅	何　阁	余周平
张　芳	张　峰	张礼泉	张宇辉	张远珑	张宝旺
张艳艳	陈　新	陈　鑫	陈　兵	陈　良	陈红军
陈相道	陈益峰	范　欣	范　涛	罗帅翔	金光宇
周　箭	周　巍	周　民	周　敬	周秋明	周燕弟
郑　峰	赵天存	夏　兵	徐　令	徐作先	凌小红
高　鹏	唐立群	唐红云	容　州	黄　平	黄　民
黄　芳	黄世明	黄志刚	蒋纯利	曾子杰	曾传珂
谢　群	谢跃凌	蔡　笑	蔡志刚	谭　典	谭建伟
颜克勇	戴　巍				

学术审定委员会委员

南京艺术学院高等职业技术学院艺术设计系主任　　韩慧君
上海工艺美术职业技术学院环境艺术学院院长　　　李　刚
南宁职业技术学院艺术工程学院院长　　　　　　　黄春波
天津职业大学艺术工程学院副院长　　　　　　　　张玉忠
北京联合大学广告学院艺术设计系副主任　　　　　刘　楠
湖南科技职业学院艺术设计系主任　　　　　　　　丰明高
山西艺术职业学院美术系主任　　　　　　　　　　曹　俊
深圳职业技术学院艺术学院院长　　　　　　　　　张小刚
四川阿坝师范高等师范专科学校美术系书记　　　　杨瑞洪
湖北职业技术学院艺术与传媒学院院长　　　　　　张　勇
呼和浩特职业学院院长　　　　　　　　　　　　　易　晶
邢台职业技术学院艺术与传媒系主任　　　　　　　夏万爽
中州大学艺术学院院长　　　　　　　　　　　　　于会见
安徽工商职业学院艺术设计系主任　　　　　　　　杨　帆
抚顺师范高等专科学校艺术设计系主任　　　　　　王　伟
江西职业美术教育艺术委员会主任　　　　　　　　胡　诚
辽宁美术职业学院院长　　　　　　　　　　　　　王东辉
郑州师范高等专科学校美术系主任　　　　　　　　胡国正
福建艺术职业学院副院长　　　　　　　　　　　　周向一
浙江商业职业技术学院艺术系主任　　　　　　　　叶国丰

学术联合审定委员会委员（按姓氏笔画排列）

丁耀林	尤天虹	文　术	方荣旭	王　伟	王　斌
王　宏	韦剑华	冯　立	冯建文	冯昌信	冯顾军
卢宗业	刘　军	刘　彦	刘升辉	刘永福	刘建伟
刘洪波	刘境奇	许宪生	孙　波	孙亚峰	权生安
宋鸿筠	张　省	张耀华	李　克	李　波	李　禹
李　涵	李漫枝	杨少华	肖　艳	陈　希	陈　峰
陈　域	陈天荣	周仁伟	孟祥武	罗　智	范明亮
赵　勇	赵　婷	赵诗镜	赵伟乾	徐　南	徐强志
秦宴明	袁金戈	郭志红	曹玉萍	梁立斌	彭建华
曾　颖	谭　典	潘　沁	潘春利	潘祖平	濮军一

序 >>

当我们把美术院校所进行的美术教育当做当代文化景观的一部分时，就不难发现，美术教育如果也能呈现或继续保持良性发展的话，则非要"约束"和"开放"并行不可。所谓约束，指的是从经典出发再造经典，而不是一味地兼收并蓄；开放，则意味着学习研究所必须具备的眼界和姿态。这看似矛盾的两面，其实一起推动着我们的美术教育向着良性和深入演化发展。这里，我们所说的美术教育其实有两个方面的含义：其一，技能的承袭和创造，这可以说是我国现有的教育体制和教学内容的主要部分；其二，则是建立在美学意义上对所谓艺术人生的把握和度量，在学习艺术的规律性技能的同时获得思维的解放，在思维解放的同时求得空前的创造力。由于众所周知的原因，我们的教育往往以前者为主，这并没有错，只是我们更需要做的，一方面是将技能性课程进行系统化、当代化的转换；另一方面需要将艺术思维、设计理念等这些由"虚"而"实"体现艺术教育的精髓的东西，融入我们的日常教学和艺术体验之中。

在本套丛书实施以前，出于对美术教育和学生负责的考虑，我们做了一些调查，从中发现，那些内容简单、资料匮乏的图书与少量新颖但专业却难成系统的图书共同占据了学生的阅读视野。而且有意思的是，同一个教师在同一个专业所上的同一门课中，所选用的教材也是五花八门、良莠不齐，由于教师的教学意图难以通过书面教材得以彻底贯彻，因而直接影响到教学质量。

学生的审美和艺术观还没有成熟，再加上缺少统一的专业教材引导，上述情况就很难避免。正是在这个背景下，我们在坚持遵循中国传统基础教育与内涵和训练好扎实绘画（当然也包括设计摄影）基本功的同时，向国外先进国家学习借鉴科学的并且灵活的教学方法、教学理念以及对专业学科深入而精微的研究态度，辽宁美术出版社会同全国各院校组织专家学者和富有教学经验的精英教师联合编撰出版了《21世纪全国高职高专美术·艺术设计专业"十三五"精品课程规划教材》。教材是无度当中的"度"，也是各位专家长年艺术实践和教学经验所凝聚而成的"闪光点"，从这个"点"出发，相信受益者可以到达他们想要抵达的地方。规范性、专业性、前瞻性的教材能起到指路的作用，能使使用者不浪费精力，直取所需要的艺术核心。从这个意义上说，这套教材在国内还是具有填补空白的意义。

21世纪全国高职高专美术·艺术设计专业"十三五"精品课程规划教材编委会

目录 contents

第一章　室内装饰构造概述

本章重点 》

本门课程的学习方法，室内装饰构造的概念和基本内容以及设计原则。

学习目标 》

重点掌握本学科的基本定义，掌握室内装饰构造的要素和基本要求。了解并掌握本课程的教与学的关系及学习方法。

建议学时 》

4学时。

第一章 室内装饰构造概述

第一节 ///// 本课程的教与学

　　无论是产品设计、建筑设计，还是室内设计，在设计的范畴内，设计的过程都是从无到有，从无形到实物的实施过程。设计师们的共性更是熟练运用各自不同的技术特征，使设计成果得以实现。从某种程度上说，设计的意义在于实现。从人类最初仅仅满足生存需要的住所到现代建筑，不管何种风格、何种目的的建筑都离不开构造。设计材料、构造与施工是设计师在实现目标过程中技术层面的必备知识和重要保证。在环境艺术设计的项目实施和教学中，对室内装饰构造的研究学习自然成为其设计系统中重要的组成部分（图1-1~图1-6）。

图1-1 利用自然材料建造的房

图1-2 法国奥赛博物馆采光天顶

图1-3 贝聿铭设计的罗浮宫玻璃金字塔

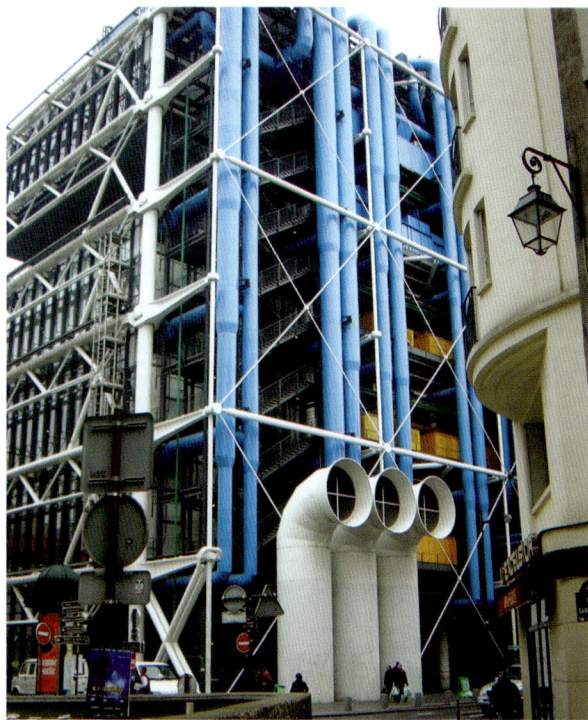
图1-4 蓬皮杜艺术中心外结构

图1-6 某商业建筑室外通道

图1-5 上海浦东机场

《室内装饰构造与实训》是环境艺术设计专业的主干课程，国内的相关研究成果丰厚，相关教材不胜枚举。近年来，融合建筑设计、室内设计、景观设计专业的通用构造的研究成果，也给我们带来了很多新的启示。但是，针对擅长形象思维的艺术设计类学生而言，复杂的理论描述和"抽象"的构造施工图纸使得大多数学生望而生畏，教学效果不明显，课程时效性不强。因此，笔者期望能从室内装饰构造教与学的问题入手，对本课程的内容和方法进行初步的探索。目的在于，建设一门能够适合艺术类学生、符合设计学自身规律的具有实效性的《室内装饰构造与实训》课程。

室内装饰构造的知识主要来源于设计实践并应用于实践，是设计实施过程中实务经验的总结和积淀。在教学中，学生的间接经验可以通过教材讲授、网络查询等多种途径获得，而直接体验的获得机会却很少，使得理论与实践脱节，知识没有转化为能力，更没有学以致用。因此，课程的实施过程中应该体现系统性、体验性的环节，使学生在动手、动脑的过程中获得完整的实践体验。教与学是互补的，是相辅相成的，教师要有目的地引导学生，明确学生需要什么，学生更要懂得如何利

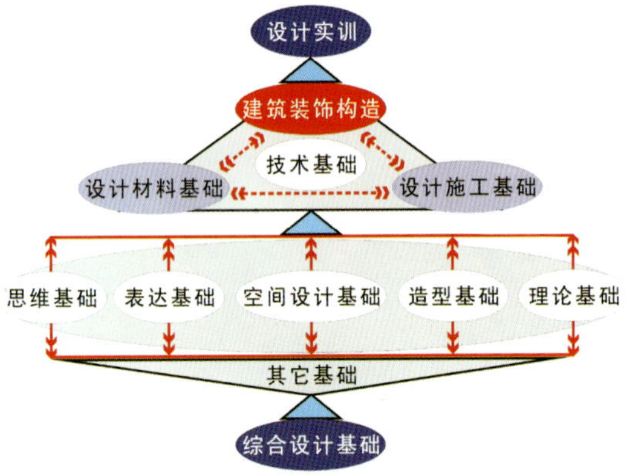

图 1-7

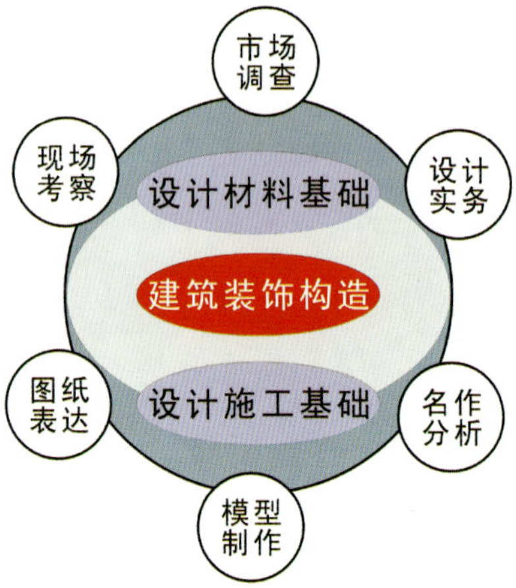

图 1-8

用知识点，建立以应用为目的的知识结构体系。由此可见，课程建设需要教师和学生共同参与，对《室内装饰构造》课程教与学的探讨，对教学双方而言是有益的而且是必要的。由此，我们不妨从以下几方面的讨论作为课程的起始。

一、《室内装饰构造与实训》与环境艺术设计课程群的关系

1.《室内装饰构造与实训》的教学目的

通过对本课程的学习，掌握室内装饰构造的基本知识和做法，对一般性的构造有初步的应用体验。

2.《室内装饰构造与实训》的教学重点

在了解装饰构造一般性原理的基础上融会贯通，以构造为核心，联系起材料和施工工艺的关系，合理的运用于设计实践中。

3. 室内装饰构造

室内装饰构造作为环境艺术设计课程群中一门重要的课程，是基础设计向设计实务过渡的桥梁之一，它联系着思维基础、表达基础、理论基础、造型基础，是以空间设计为主的基础设计向实际项目设计转换的重要技能工具。在所有设计课程中，室内装饰构造是为数不多的偏重理工类知识的课程，授课方法一般也多沿袭工科的讲授为多。该课程没有得到足够的重视，更没有被科学合理地整合起来。首先，材料课程、施工工艺课程与构造课程脱节。造成课程资源浪费、课程内容重复，各自独立，知识点之间没有有机的联系。其次，该类课程与设计课程群脱节，成为艺术设计课程中看似重要却难见效果的课程，形成学生学了不知道怎么用，仍然从理论到图纸，最后还是以图纸的绘制结束的局面，不能够与学生的设计课题和设计过程很好地连接起来，更忽略了设计的最终实施。因此，本门课程通过对材料、构造、施工工艺的整合，希望建立相对合理的结构关系，希望学生能够完成从理论学习到了解构造实景到完成最终设计实物的过程，体验到学习的整体性、系统性和实践性（图 1-7）。

二、如何讲授《室内装饰构造与实训》

1. 以系统性的思维方式，建立该课程的基本知识框架

设计学是一门交叉性、综合性很强的学科。在授课

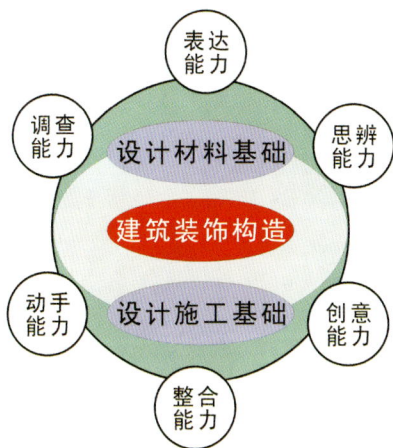

图1-9

过程中，首先要让学生懂得，系统性的思维方式是学习设计的基础，是统筹各门课程知识点的润滑剂，以设计基础的前续课程内容为基石，融入装饰构造的学习中，建立前后课程的联系关系，让学生懂得构造基础是通向设计实务的工具，是设计最终实现的保证，更是设计系统中重要的不可分割的部分。

2．过程的解读比单纯的知识点的传授更重要

该课程及授课对象的特性决定了单纯的理论讲授，及构造节点二维的复制性学习，无法达到学习的基本要求。必须利用原理讲解、市场调查、模型制作、图纸表达、名作分析、设计实务等一系列的过程性教学环节，利用影像资料、图纸、现场考察分析等媒介和途径，多维的、立体的教学手段，使学生获得现场感和相对完整的设计体验（图1-8）。

3．注重学生的参与，共建合理的评价体系

要因材施教，积极实行启发式、讨论式教学，鼓励学生独立思考，激发学习的主动性，培养学生的研究能力和思辨能力。在讲清概念的基础上强化应用。改革考试方法，注重过程管理，可采取讨论、答辩和现场测试、操作等多种考试形式，着重培养学生学习的能力，考查

学生综合运用所学知识、解决实际问题的意识。

三、如何学习《室内装饰构造与实训》

1．融会贯通，举一反三

信息时代，资讯的丰富与同时性，多元与更替性，使得学习的方法必须与设计对象的复杂性、及时性相适应；纷杂多变的设计现象使得专注于某一本教材或某一种构造方式而显得捉襟见肘。因此，学习的方法比学习的数量更重要，通过基本材料与结构的熟识，能够动态的、持久性的学习和探索才能够真正的掌握构造知识，才可以学以致用。

2．由表及里，综观整体

艺术类学生要转变形式为先和视觉为主的思维定式，学习的场所应由学校拓展到社会各种空间中，随时随地地多观察、多分析、多体会。同时，体验性的消费活动，是室内装饰构造学习的途径之一。正确地使用对建筑表皮与结构、构造与细节的全面把握的观察方法，才能够真正认识和完整把握设计系统及组成部分的关系，同时，也有利于建立科学的设计思维模式。

3．说不如画，画不如做

设计的目的是实施，纸上谈兵式的教与学，只能造成空对空的不良结果。对结构的熟识，远不如由浅入深的实际操作来得直接，通过模型制作和节点的实物模拟，不仅是学习的方法之一，更可以培养对材料结构创造性使用的意识，并通过一系列的过程性的实施，注重对自身调查、思辨、动手、创意、整合等综合能力的培养（图1-9～图1-11）。

图 1-10

图 1-11

第二节 //// 室内装饰构造的概念和基本内容

近年来,国内开始推行室内建筑师资格制度,同时,因为室内设计与建筑结构、水、电等一样都是从建筑设计中分离出来的专业,因此在教学和学习中,室内设计专业体系的建立和建筑设计的体系是密不可分的,在基本概念的描述等方面仍然以建筑设计规范为参照,并兼顾室内外环境设计一体化的综合介绍。建设部颁布的《建筑装饰装修工程质量验收规范》(GB50210—2001)中的阐述:"为保护建筑物的主体结构,完善建筑物的使用功能,美化建筑物,采用装饰装修材料或饰物,对建筑物的内外表面及空间进行的各种处理过程,称为建筑装饰装修。"建筑装饰装修工程作为建筑环境艺术设计的重要组成,是建筑设计的延伸,是空间的二次创造和完善。

室内装饰构造则是指使用建筑装饰材料和产品对建筑物内外表面以及功能部位进行保护和修饰的构造做法,是装饰装修工程实施的重要手段,具有实用和装饰的双重功能。简言之,建筑装饰设计是总体规划的方案设计,装饰构造则是方案实施的具体措施和方法,即通常所说的设计深化和施工图设计。

室内装饰装修工程设计必须保证建筑物的结构安全和主要使用功能。因此,我们对建筑的基本构造组成有初步的充分的认识是很有必要的。一般而言,是指在建筑物的主体结构工程以外,为了满足建筑的物质和精神功能需要所进行的改造和修饰,如室内墙面、顶棚、楼地面三大界面及其他细节部位表面的保护和修饰;也包括室外的地面、墙面、台阶、檐口、雨棚等,还有门、窗、楼梯、栏杆、隔断等配件的装设等(图1-12)。

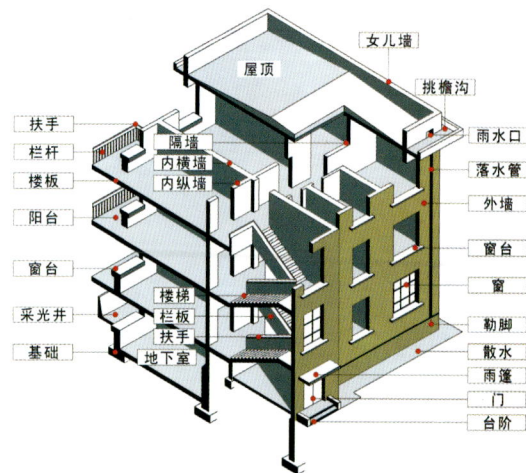
图 1-12 建筑基础结构

室内设计工程是建筑系统的重要有机组成部分，室内装饰构造设计同样也是一项系统性的创造活动。它所涉及的材料品种繁多，所采用的构造方法及施工工艺复杂而精细，在完工后投入使用中，通过构造的安全性、稳固性、持久性、环保性等被人们感官而感知和利用。室内装饰构造是艺术与工程技术统一的直接体现，它需要总体方案设计、结构、材料、施工的密切配合，是一门综合性、系统性、实践性很强的学科（图1-13）。

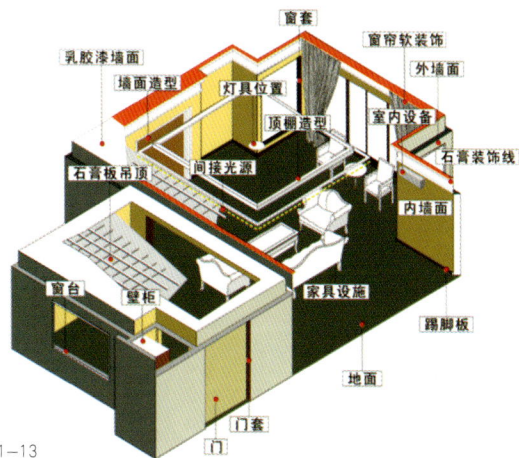

图1-13

第三节 ///// 室内装饰构造的设计原则

室内装饰构造设计是一项系统工程，是对总体设计目标的深化，必须综合考虑和分析各种因素和条件，力求确定优化、合理的方案，以最大程度的诠释总体设计为最终目的。室内装饰构造设计应遵循的基本原则如下：

一、实用功能原则

1.保护建筑主要构件

建筑的主要构件由于长期受光线、温度、雨雪、风蚀等自然条件的影响，以及摩擦、撞击等人为外力作用，必然会产生不同程度的老化、腐蚀、风化或损坏；空气中的腐蚀性气体及微生物，也会对建筑构件产生一定程度的破坏，影响了建筑的使用甚至安全。通过饰面构造施工，如抹灰、贴面、涂漆、电镀等方法，可以保护建筑内外构件，提高建筑构件的防火、防潮、抗酸碱的能力，避免、降低自然和人为的外力损坏，延长其使用年限。

2.改善建筑内外部环境

建筑装饰可以改善建筑内外部环境，提高人们的生存质量。通过表面饰材，使建筑物不易污染，改善室内外卫生条件；通过添加了保温材料的保温抹灰墙面、保温吊顶等可改善其热工性能，起到保温、防止热量散失的作用；利用饰面材料的色彩、形态、光泽、肌理、透光率等改善建筑声学、光学等物理性能；利用某些特殊围护构造，达到如防潮、防水、防尘、防腐、防静电、防辐射、隔声降噪等要求。为人们创造一个卫生、健康、舒适的建筑使用空间。

二、审美功能原则

室内环境艺术设计既是物质产品，又必须按照美的原则进行创造。通过建筑空间的二次改造，形态、材料、色彩等造型因素利用构造的综合运用，营造建筑空间的某种意境，并体现其独特的空间品质特征，以提升建筑的生命意义。将工程技术美和艺术美有机地结合起来，创造出符合人们生理和心理需要的促进身、心、智协调的高品位空间环境。由此可见，建筑装饰结构的审美功能，除了视觉上的审美愉悦，在设计和实施过程中更体现在材料选择、构造使用的合理与创新。构造巧妙是一种美；坚固耐久是一种美；做工精细是一种美；建筑构造是蕴涵其中的心智美的体现，是创造性的美的传达，力求以有限的物质条件创造出无限的精神价值，更是符合设计本质追求的高层次要求。

三、安全、环保原则

室内装饰构造在室内外的空间运用中，都应保证其在施工阶段和使用阶段的安全性、耐久性、环保性。在设计和实施过程中要充分考虑建筑构件自身的强度、刚度和稳定性；要考虑装饰构件与主体结构的连接安全；要考虑主体结构的安全，并保证装饰构造的耐用，以达到合理的使用年限。在人们更加注重生活品质和质量追求的今天，对室内外材料及构造的选择显得尤为重要，尤其是节约能源、环保减污，及对材料和构造循环利用与可持续发展的要求，成为装饰构造设计面临的新课题和长期发展的方向。

四、经济性原则

室内装饰工程类型和层次标准千差万别，差距甚大，不同性质、用途的建筑所用材料不同、构造方案不同，施工工艺不同，对工程的造价影响较大。从造价上看，一般民用建筑装修装饰费用占总建筑投资的30%～40%，高标准的则要占60%以上。同一建筑物如果采用不同等级的装修标准，其造价也相去甚远。选择合理的材料构造工艺，把握材料的价格和档次，通常，中低档材料使用较为普遍，昂贵的高档材料多用于重要部位和局部点缀。重要的是在同样造价的情况下，通过巧妙的构造设计达到理想的效果。

五、系统性的创新原则

室内装饰工程是一个综合性的系统，大致可分为：给排水系统、电气系统、暖分与通风系统、采光与照明系统、装饰装修系统等。创新是设计的生命，构造设计作为装饰工程的子系统之一亦不例外。在进行装饰构造设计时，要本着系统性的创新原则。利用装饰构造协调各工种之间的关系，并有机组织各构件与设备。例如将通风口、灯具、陈设构件、消防管道等设施与天棚、墙体、地面三大界面有机整合，创造性地解决美观与空间利用、牢固与安全、经济与环保等众多矛盾必须协调统一的实际问题，以实现装饰工程的系统创新。装饰构造不是一成不变的，它是随着新材料、新工艺的不断发展而变化的，创造性地发现问题、解决问题，将系统的设计理念融入其中是构造设计的重要指导思想。

第四节 ///// 室内装饰构造的类型

室内装饰构造可分为饰面构造和配件构造两类。

一、饰面构造

饰面构造主要包括墙、顶、地的面层覆盖，要解决的基本技术问题是处理饰面层与基层的连接构造方法。比如混凝土结构地面上铺一层木地板，在砖墙表面做一层木护板，均属饰面构造。钢筋混凝土楼层与木地之间的连接，墙面与木护板地连接，是处理两个面的结合构造。饰面层附着建筑构件的表面，在每个构件部位，饰面的朝向是不同的。同一种材料在不同的部位受力不一样，构造处理也不同。

二、配件构造

配件构造也称成型构造，主要解决材料的成型及组合问题。它是通过各种加工工艺，将一般材料加工成装饰成品构件。如铁艺、玻璃制品、金属制品等，随着装修产业的发展，一些门窗、板式家具、楼梯踏板、栏杆等也可以在车间分体加工预制，然后在现场进行安装。

根据材料的加工性能，配件的成型方法有两种：

1.塑造与浇铸

某些可塑的材料，经过一定的物理、化学变化过程，逐渐失去流动性和可塑性而凝固成固体，制成具有一定强度的构件称塑造。塑造与铸造的基本程序：先做模胎，饰面构造的分类：

后制阴模（或沙型），再用阴模和沙型复制成花饰和构件。

例如建筑装饰工程中常用的可塑材料有水泥、石灰、石膏等。这一类材料取材方便，造价较低，能在常温下进行物理、化学变化，还可与沙、石等骨料胶凝成整体，预制成各种不同强度、不同色彩、不同性能（防

构造分类		图形		说明
		墙面	地面	
罩面类	涂刷			在材料表面将液态涂料喷涂固化成膜，常用涂料有油漆、大白浆等水性涂料。其他类似的覆盖层还有电镀、电化、搪瓷等。
	抹灰			抹灰砂浆是由胶凝材料、细骨料和水（或其他溶剂）拌和而成，常用胶凝材料有水泥、白灰、石膏等；骨料有沙、细炉矸、石屑、陶瓷碎料、木屑等。
贴面类	铺贴			各种面砖、缸砖、瓷砖等陶土制品，厚度小于12mm的超薄石板一般采用水泥砂浆铺贴，为了加强黏结力，材料的背面一般开糟处理，使其断面粗糙。
	胶结			饰面材料呈薄片或卷材状，厚度在5mm以下，如粘贴于墙面的各种壁纸、绸缎等。
	钉嵌			自重轻、厚度小、面积大的饰面材料，如木制品、石棉板、金属板、石膏板、矿棉板、玻璃等可借助于钉头、压条、嵌条等固定，也可借助于胶粘剂黏结。
钩挂类	系结			一般指厚度为20～30mm，面积较大的饰面石材或人造石材，在板材背面钻孔，用金属丝穿过钻孔将板材系挂在结构层上的预埋金属件上，板与结构层之间一般用砂浆固定。
	钩结			一般是指厚度为40～150mm的重型饰面材料，常在结构层包砌。饰面块材上留槽口，用与结构固定的金属钩在槽内搭住。多见于花岗石、空心砖等饰面。

水、防火、吸声等）的构件。

用生铁、钢、铜、铝等可溶性金属，在工厂浇铸成各种花饰、零件，然后到现场进行安装。

2．加工与拼装

某些具有粘、钉、锯、刨、焊、卷等加工性能的预制材料，可通过加工与拼装构造成配件。例如木制品具

有可锯、刨、削、凿等加工性能，可以通过粘、钉、开榫等方法拼装成各种构件；金属薄板（铝板、镀锌钢板等）具有剪、切、割的加工性能，并具有焊、钉、卷、铆的拼装性能；人造材料如石膏板、矿棉板、加气混凝土等具有与木材相似的加工性能和拼装性能。

拼装工序的主要技术点是各种材料构件的结合构造。建筑装修装饰工程中常用的结合构造方法有：黏结、钉合、榫接、焊接等。

装饰装修常用的结合方法：

类别	名称	图形		说明
黏结	高分子胶		常用高分子胶有环氧树脂、聚氨酯、聚乙烯等。	水泥、白灰等胶凝材料价格便宜，做成砂浆应用广泛。各种黏土、水泥制品多采用砂浆结合。有防水要求时可用沥青、水玻璃等结合。高分子胶价格相对较高，只在特殊情况下应用。
	动物胶		骨胶、皮胶	
	植物胶		橡胶、叶胶、淀粉	
	其他		水泥、白灰、石膏、沥青、水玻璃	
钉接	钉	圆钉 铆钉 骑马钉 油毡钉 石棉板钉 木螺钉 沉头 半沉头 平头 方头		钉结合多用于木制品、金属薄板等，以及石棉制品、石膏、白灰或塑料制品。
	螺栓	螺栓 调节螺栓 沉头螺母 铆钉		螺栓常用于建筑结构及装饰装修构造，可用来固定、调节距离、松紧，其形式、规格、品种繁多。
	膨胀螺栓	塑料或尼龙膨胀管 铜制胀管		膨胀螺栓可用来代替预埋件，构件上先打孔，放入膨胀螺栓，旋紧时膨胀固定。
榫接	平对接	凹凸榫 对接榫 锁榫 鸠尾榫		榫接多用于木制品，但其他装饰装修材料如塑料、石膏板也具有木材的可锯、可凿、可削、可钉的性能，也可适当采用。
	转角顶接			
其他	焊接			用于金属、塑料等可熔材料的结合。
	卷口接			用于薄钢板、铝皮、铜皮等的结合。

第五节 ///// 设计、材料、构造、施工、验收之间的关系问题

　　设计、材料、构造、施工、验收是装饰工程的一般流程和次序，设计贯穿于整个施工过程，它们是互相制约、相辅相成的关系。方案设计是灵魂，是构造设计的依据，方案设计通过构造设计转化为施工指令；方案设计和构造设计是施工流程和工艺的依据；装饰材料是设计和施工的物质基础；方案设计通过构造设计和施工工艺最终实现；验收标准是设计依据之一，同时也是施工技术要求和质量保证。

[复习参考题]

◎　室内装饰构造的概念是什么?

◎　室内装饰构造设计应遵循哪些原则?

◎　如何理解装饰构造在设计过程中的作用及其关系?

第二章 楼地面装饰构造

本章重点 ⤢

重点掌握块材类砖石地面的材料、构造；木质地面的材料与构造。

学习目标 ⤢

了解楼地面的分类及基本功能。掌握各类楼地面材料、构造。

建议学时 ⤢

8～16学时。

第二章 楼地面装饰构造

第一节 //// 概 述

楼地面是楼层地面和底层地面的总称。楼地面装饰是室内设计的重要组成部分，它通常是指在普通的水泥砂浆、混凝土、砖以及灰土垫层等各种楼地面结构上所加做的饰面层，起着保护楼地面结构、提高空间使用质量和视觉上美观的作用。从功能角度来看，楼地面与人的日常活动行为、家具陈设、设备等直接发生接触，更是建筑直接承受荷载的部分，经常受到撞击、摩擦和洗刷等外力，使用频率高于其他装饰界面。从视觉角度来看，楼地面离人的视距较近，在视阈中占很大比例。因此，它除了满足使用者基本使用功能外，设计中还应满足视觉、触觉等方面的要求，做到平整、清洁、美观、舒适。

一、基本使用和装饰功能要求

1.使用功能

具有保护结构层的作用，应有必要的强度、耐磨损性和耐冲击性。要求楼地面应表面平整、光洁，便于清扫，对于底层地面和楼层地面，都应该具有防潮、防水的性能。为适应不同建筑对地面装饰的使用要求，可以分为耐酸蚀地面、防静电地面、防水地面、防爆地面、活动地面等。

2.隔声要求

为避免楼层上下空间的相互干扰，楼板层要具有隔声的功能。建筑隔声包括隔绝空气传声和隔绝撞击声两个方面。常见做法是利用弹性面层处理和利用楼板层下的吊顶处理增加隔声效果。

3.吸声要求

为创造室内声环境，对于有吸声要求，尤其对空间较大、使用人数较多的空间。一般来说，表面致密光滑、刚性较大的楼地面层，如磨光石材、水泥、瓷砖等对声波的反射能力较强，基本上没有吸声能力。要减少地面的过度反射，宜使用吸声能力较强的软介质弹性地面材料，例如化纤地毯。

4.弹性

楼地面是与人体接触面积最大的界面，支撑人体的各种活动，直接影响人的行走舒适感。标准高的建筑装饰应尽可能采用具有一定弹性的材料作为楼地面饰面层，一来可以增加人行走的舒适度，二来可以对吸声减振、隔绝撞击传声产生作用。某些专业性较强的建筑场所，如医院宜采用弹性地胶；健身房、舞台、运动馆等地面，则宜采用弹性木地面。

5.装饰要求

楼地面装饰的设计要结合室内空间的划分、家具陈设、交通流线、建筑的主要特征等因素综合规划。其色彩功能、材质美感和纹理，则要与墙面、顶棚装饰统筹考虑，作为一个空间系统进行整体调整，不可以孤立设计。不同材质、图案、色彩的地面装饰，可以起到划分空间区域、引导视觉流程、影响空间风格与氛围等作用。因此，应该综合考虑诸如空间划分、视觉导向、色彩调和、质感品质、家具饰品、人的活动情况、美感等各方面因素，处理好地面与其他功能界面的关系。

二、楼地面的基本构造组成

楼地面包括建筑的首层地面和各个楼板层的地面。

面层（地面）
结合层（找平层）
附加层（功能层、隔声层或管道敷设）
结构层
素土、灰土基层

首层地面构造

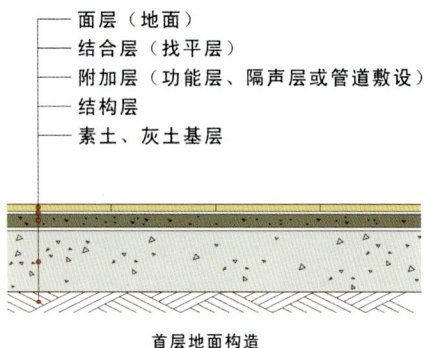

图2-1 地面基本构造

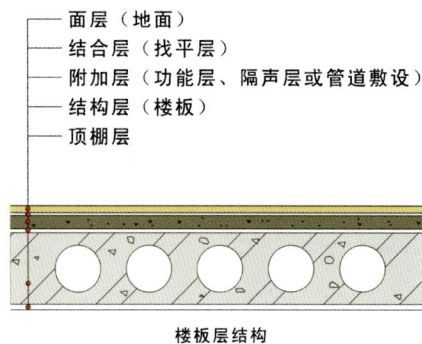

面层（地面）
结合层（找平层）
附加层（功能层、隔声层或管道敷设）
结构层（楼板）
顶棚层

楼板层结构

图2-2 地面基本构造

简单地说，二者的区别在于看其下部有无空间，有空间的为楼板层，无空间的为首层地面。再者，首层和楼板层的基层不同，首层地面的基层是地基，楼板层地面的基层是结构层或楼板构件。建筑首层地面、楼板层一般由基层、垫层、面层三部分组成（图2-1、图2-2）。

1.基层

基层的作用在于承受其上面的全部荷载，因此要求坚固、稳定。首层地面的基层是地基，多为混凝土或夯实土，楼板层的基层一般为现浇或预制钢筋混凝土楼板，这里基层指的是结构层。

三、楼地面装饰的分类

分类方法	类型细分
根据材料分类	1.水磨石楼地面　2.陶瓷地面砖楼地面　3.花岗岩楼地面　4.大理石楼地面　5.地砖楼地面　6.木楼地面　7.橡胶地毡楼地面　8.地毯楼地面等
根据构造方法和施工工艺分类	1.整体式楼地面（现浇水磨石地面等） 2.块材式楼地面（陶瓷地面砖楼地面、大理石，花岗岩楼地面，地砖楼地面等）、 3.木楼地面 4.软质制品楼地面（橡胶地毡楼地面、地毯楼地面等）
根据用途分类	1.防水楼地面　2.防腐蚀性楼地面　3.弹性楼地面　4.隔声楼地面　5.发光楼地面　6.保温楼地面等

为了叙述方便，以下将楼地面统称为"地面"，本书以构造方法和施工工艺为主，依据面层材料的不同，有选择地进行介绍。

2. 垫层

垫层位于基层和面层之间，是承受和传递面层荷载的构造层，并起结合、隔声、找坡的作用。根据所采用的材料不同，分刚性垫层（不产生塑性变形）和非刚性垫层（炉砟、矿渣、沙、碎石等）两种。

3. 面层

面层又称"表层"或"铺地"，是楼地面的最上层，是满足使用要求的直接接触的表面。它是地面承受物理、化学作用的表面层，一般具有一定的强度、耐久性、舒适性和安全性，以及有较好的美观作用。地面装饰构造主要是指面层装饰构造，其名称通常以面层所用材料命名。无论是材质选择还是色彩、图案的确定，都是装饰设计的重点。

第二节 //// 楼地面装饰的基本构造

一、整体式地面的装饰构造

整体式地面的选材广泛，面层无接缝。它可以通过加工处理，获得丰富的装饰效果，一般造价较低，施工简便。这类楼地面的构造特点是以胶凝材料、骨料和溶液的混合体现场整体浇筑抹平而成。从材料和施工工艺的角度属于抹灰类构造。这类楼地面的基层处理和中间找平层材料、构造、工艺均很类似，由于面层采用了不同的材料和施工工艺，因此形成了不同性质和装饰效果的整体式地面。

整体式地面因选材不同，一般常见有：①水泥砂浆地面；②细石混凝土地面；③现制水磨石楼地面等。

1. 水泥砂浆地面

水泥砂浆地面是应用最普及、最广泛的一种地面做法，简称水泥楼地面。这种楼地面的特点是造价低廉，坚固耐磨、防潮、防水，构造简单，是一种低档楼地面。虽然原材料供应充足，但由于这种材料的热导率较大和刚度较大，有冷、硬、响的缺点。此外，还有易返潮、易起灰、无弹性和易龟裂等不足。

水泥砂浆地面构造做法：一般使用普通硅酸盐水泥为胶结料，中沙或粗沙作骨料，直接在现浇混凝土垫层水泥砂浆找平层上施工的传统地面做法。有单层做法和双层做法。单层做法是在面层抹一层15～20mm厚1:2.5的水泥砂浆，抹干后待终凝前用铁板压光。双层做法一般是以15～20mm厚，质量比为1:3水泥砂浆打底、找平，再以5～10mm厚质量比为1:1.5或1:2水泥砂浆抹面、压光（图2-3～图2-5）。

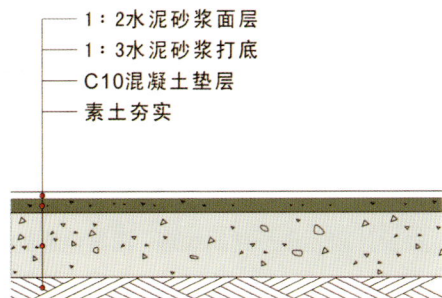

图2-3 水泥砂浆首层地面构造

- 1:2水泥砂浆面层
- 1:3水泥砂浆打底
- C10混凝土垫层
- 素土夯实

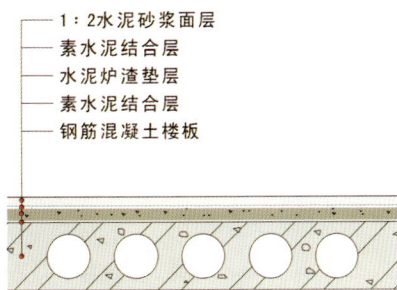

图2-4 水泥砂浆楼层地面构造

- 1:2水泥砂浆面层
- 素水泥结合层
- 水泥炉渣垫层
- 素水泥结合层
- 钢筋混凝土楼板

图2-5 地面找平层

1.陶瓷地砖地面

陶瓷地砖属于块材类装饰面层,制品可以分为普通陶瓷地砖、全瓷地砖、玻化地砖三大类,每类又细分不同类型。它的特点是结构紧密、平整光洁、抗腐耐磨、品种繁多、吸水性小、防水耐热、容易施工、维护保养便捷,有良好的装饰效果。但是抗冲击韧性差,骤冷骤热易开裂(图2-12、图2-13)。一般施工过程为:处理基层→弹线→瓷砖浸水湿润→摊铺水泥砂浆→安装标准块→铺贴地面砖→勾缝→清洁→养护。

图2-12 陶瓷地砖地面

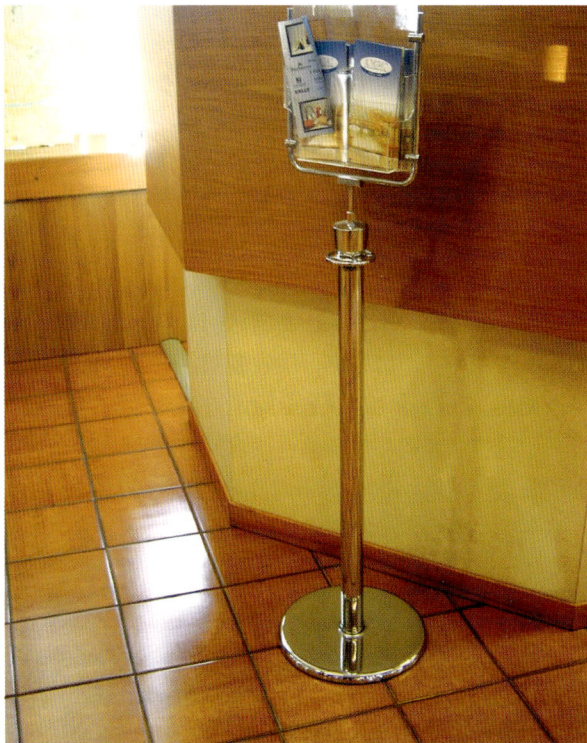

图2-13 陶瓷地砖地面

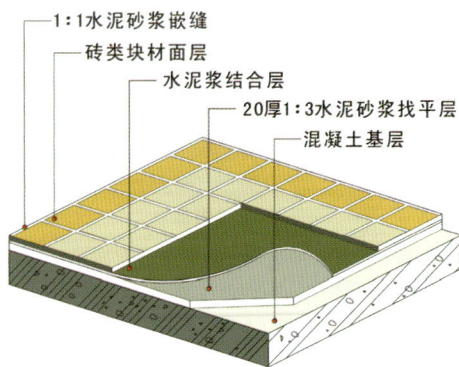

图2-14 陶瓷地砖地面构造

1:1水泥砂浆嵌缝
砖类块材面层
水泥浆结合层
20厚1:3水泥砂浆找平层
混凝土基层

陶瓷地砖构造方法:

清理基层,如是混凝土楼板需凿毛,一般从门口或中线向两边铺设。找平层用1:3水泥砂浆打底,铺设厚度不小于20mm。铺设时的结层采用干硬性砂浆。其配比一般为水泥:沙=1:2.5~1:3。待砖敲平试铺后揭起,在干硬性水泥砂浆上浇适量素水泥砂浆,再将砖放回用橡皮锤敲实铺严。经过养护后,用填缝剂进行面层勾缝(图2-14)。

2.陶瓷锦砖地面

陶瓷锦砖俗称马赛克(外来语Mosaic的译音),它是由边长不大于40mm,具有多种色彩和不同形状的小块砖,镶拼组成各种花色图案的陶瓷制品,故称"锦砖"。陶瓷锦砖坚固耐用、造价较低,具有质地细密光滑、抗压强度高、耐磨耐水、耐酸耐碱、抗冻防滑、易清洁和

图 2-15 陶瓷锦砖地面

图 2-17 陶瓷锦砖地面构造

陶瓷锦砖一般多用于局部点缀或与其他块材产品,如大理石、陶瓷锦砖等结合使用,常见于各种商业空间的地面设计(图 2-15、图 2-16)。

陶瓷锦砖构造方法:在基层上做10~20mm厚1:3~1:4水泥砂浆找平层,然后浇素水泥浆一道,以增加其表面黏结力。陶瓷锦砖(马赛克)整张铺贴后,用滚筒压平,使水泥砂浆挤入缝隙。待水泥砂浆硬化后,用草酸洗去牛皮纸,然后用白水泥浆嵌缝(图 2-17)。

3.大理石、花岗石类地面

大理石、花岗石属于从天然岩体中开采出来的,所制成的有丰富的色彩、自然的纹理和良好光泽度的高级装饰材料,经过加工成块材或板材,再经粗磨(细磨)、抛光、打蜡等工序,以设计要求分割成块材。大理石板、花岗岩板一般为20~30mm厚,每块大小一般为300mm×300mm~600mm×600mm。一般用于宾馆的大堂或要求较高的卫生间,公共建筑的门厅、休息厅、营业厅等房间楼地面。其具有优良的物理力学性能,被广泛应用于高级建筑装修装饰中,作为铺地、贴墙饰面材料。一般具有强度高、稳定性好、耐腐蚀、耐污染、价格低、可塑造、施工方便等优点,所以已成为常见的装修装饰材

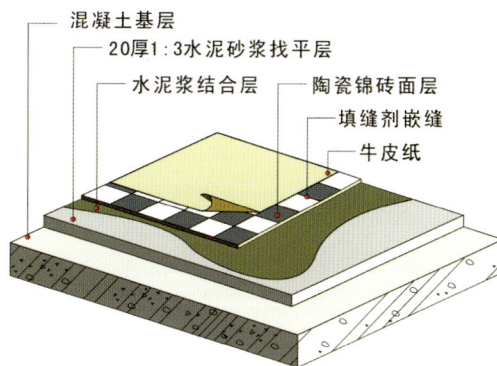

图 2-16 陶瓷锦砖地面

色泽明净、图案美观的特点。因此,它被广泛用于化验室、工作间、洁净车间、餐厅、浴室、盥洗室等室内的楼地面装修装饰,同时它还可用作建筑外墙面的装饰。

图 2-18 石材地面

图 2-20 石材地面

图 2-19 石材地面

图 2-21 石材地面

料。两者相比，由于大理石的主要成分为碱性碳酸钙，易被酸侵蚀，所以其抗风化性较差。一般不宜用作室外建筑环境的装饰。而花岗石密度大，抗压强度高，空隙率小，吸水率极低，材质坚硬，具有优异的耐磨性、耐久性和化学稳定性。除用于室内外楼地面装修外，还被用于台阶踏步，室内外墙面、柱面等处的装饰（图2-18～图2-21）。

大理石、花岗石楼地面构造方法：

做结合层→铺贴大理石板、花岗石板面层。

(1)做结合层

结合层又是找平层。在平整的刚性基层上先刷一道素水泥浆，然后抹30mm厚1:3～1:4干硬性水泥砂浆找平层；也可采用水泥砂浆找平层，其体积比为1:4～1:6（水泥∶沙），应洒水干拌均匀，厚度为20～30mm。最后在找平层上刷一道素水泥浆结合层或撒素水泥结合层。应随刷随铺。

(2)铺贴大理石板、花岗石板面层

大理石板、花岗石板应先用水浸湿，待擦干或表面晾干后铺贴在结合层上，最后用素水泥浆填缝（图2-22、图2-23）。

4.碎拼石材类地面

碎拼石材楼地面是现浇水磨石楼地面和石材相结合的构造方法，面层是利用色彩丰富、品种各异的大理石或其他石材碎块，自由地无规则地拼接起来，这种地面具有特点鲜明、形势自然、乱中有序的特点。它采用经挑选过的不规则碎块大理石，铺贴在水泥砂浆结合层上，并在碎拼大理石面层的缝隙中，铺抹水泥砂浆或石渣浆，经磨平、磨光，成为整体的地面面层（图2-24、图2-25）。

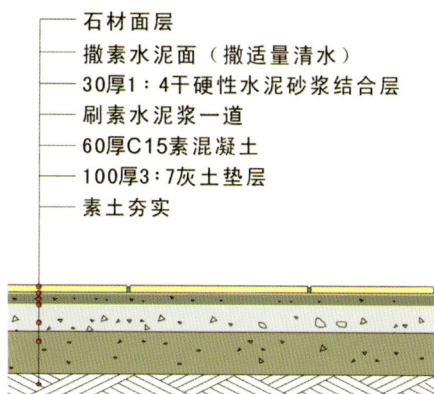

石材面层
撒素水泥面（撒适量清水）
30厚1:4干硬性水泥砂浆结合层
刷素水泥浆一道
60厚C15素混凝土
100厚3:7灰土垫层
素土夯实

图2-22 大理石、花岗岩首层地面构造

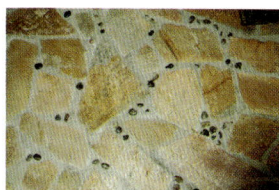

石材面层
撒素水泥面（撒适量清水）
30厚1:4干硬性水泥砂浆找平层
现浇钢筋混凝土楼板

图2-23 大理石、花岗岩石层地面构造

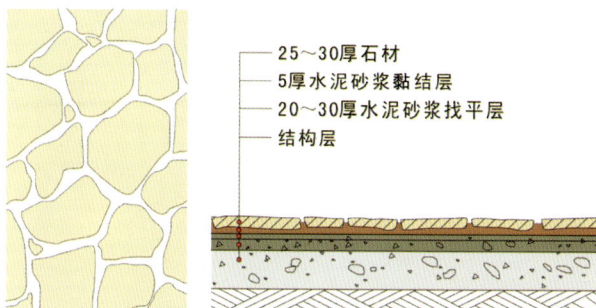

图2-24 碎拼石材地面

图2-25 碎拼石材地面

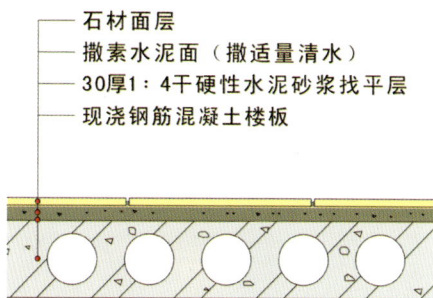

25～30厚石材
5厚水泥砂浆黏结层
20～30厚水泥砂浆找平层
结构层

图2-26 碎拼石材地面拼砌方式与碎拼石材地面构造

碎拼石材地面构造方法：先做基层处理，洒水湿润基层，在基层上抹 1：3 水泥砂浆找平层，厚度为 20～30mm，在找平层上刷一遍素水泥浆，用 1：2 水泥砂浆铺贴碎大理石标筋，间距为 1.5m，然后铺碎大理石块。缝隙可用同色水泥色浆嵌拌做成平缝；也可以嵌入彩色水泥石渣浆。大理石铺砌后，表面应加以保护，待养护后结合层水泥强度达到 60%～70% 时，方可进行细磨和打蜡（图 2-26）。

三、木楼地面的装饰构造

木楼地面是指表面由木板铺钉或胶合木板而成的地面，常用的有条形地板和硬木拼花地板。条形地板应顺应房间采光方向铺设，以减少光影。它的优点是富有良好的弹性、触感和蓄热性、耐磨、自重轻、不返潮、不

图 2-27　实木地面

图 2-28　复合木地面

图 2-29　复合木地面

起灰、易清洁、能充分体现材料的天然纹理美，打蜡后形成良好光泽度。但是也存在耐火性差、潮湿环境下易腐朽、易产生裂缝和翘曲变形等缺点。木地面常用于高级住宅、体育馆的比赛场地、健身房、宾馆、剧院舞台

等室内地面（图2-27～图2-29）。

木楼地面有多种形式。本节主要介绍常用的构造形式：格栅式实铺木地板；架空式木地板；强化复合木地板。

1.格栅式实铺木地板

格栅式实铺木地板是指直接在实体基层上铺设木格栅的地面，应用最为广泛，木地面的基本材料有面材和基层材料。用于面材的有松木、硬杂木、水曲柳、柞木、枫木、柚木、樱桃木、核桃木等硬质树种加工而成，要求材质均匀、无疤节，其耐磨性好，纹理优美清晰，有光泽，经过处理后，耐腐性尚好，开裂和变形可得到一定控制。其形状有长条形木地板、拼花木地板，近来也出现了部分异形木质地板，如曲线形地板。基层一般为木基层，木基层有实铺式和架空式。

长条形木地板有宽度为80～120mm，厚度为10～18mm，单面刨光，板背面有槽，以防受潮翘曲变形。拼花木地板尺寸有(40～100)mm×(250～350)mm×(8～10)mm，背面有燕尾槽，可在工厂拼装成300mm×300mm的方联，这种木地板坚硬、耐磨、洁净美观、造价较高、施工操作要求也较高，属于较高级的面层装饰，这两种地板一般统称为实木地板，均在工厂做成成品到施工现场进行拼装。格栅式实铺地板是在结构基层找平的基础上固定木格栅，然后将木地板铺钉在木格栅上。

格栅式实铺木地面构造方法：

（1）基层处理找平，首层地面应做防潮处理，楼板层一般采用铺设防潮膜的方法。

（2）格栅式木基层：实铺式木地面是指在楼地面的混凝土结构层上，以实铺木格栅架空固定面层的构造方式。它具有架空式木地面的诸多优点，是比较正规也是应用最多的一种做法。木格栅支撑龙骨断面尺寸一般为50mm×(50～70mm)，中距为400mm。木格栅直接固定在结构层上，有时为提高地板弹性质量，可做纵横两层格栅，格栅下面可以放入垫木，以调整不平坦的情况。

（3）面层铺装：这种楼地面的面层木板可分为单层或双层铺钉。单层做法是在固定的木格栅上，铺钉一层长条形硬木面板即可；双层做法是在木格栅上先铺钉一层软质木毛板，然后在其上再铺钉一层硬木面板。毛板一般采用松木，也有采用整张细木工板、多层板等代替毛板，但因不利于环保，因此建议有选择地使用。双层做法承载力大、耐冲击性好、弹性也较大，是体育馆、健身房、舞台木楼地面的基本做法。双层做法按其面板形式，拼花木地板通常采用双层铺钉构造（图2-30、图2-31）。

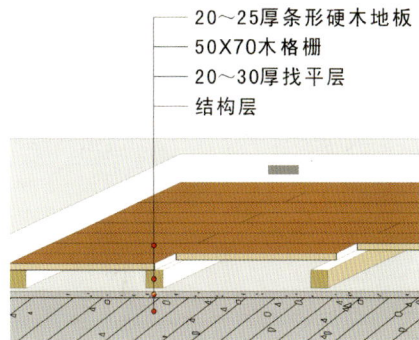

20～25厚条形硬木地板
50X70木格栅
20～30厚找平层
结构层

图2-30 单层木地面构造

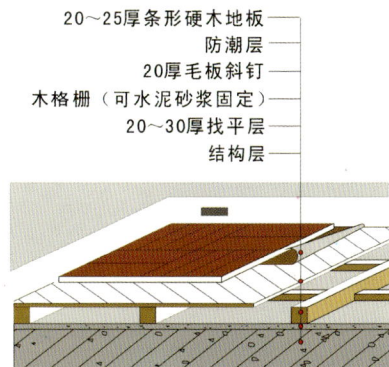

20～25厚条形硬木地板
防潮层
20厚毛板斜钉
木格栅（可水泥砂浆固定）
20～30厚找平层
结构层

图2-31 双层实铺式木地面构造

2.架空式木地面

架空式木地面多用于建筑首层地面或用于地面标高与设计标高相差较大、或在同一地面对标高错落有特殊要求的位置。主要是通过地垅墙、钢木结构等使支撑木地板的格栅架空格置，以便地面下有足够的空间利于通风，以保持干燥、防止格栅腐烂损坏。比如观演空间的舞台、竞技比赛的场地、特殊要求的会场等。另外，在建筑的首层通常可以采用架空式木地面，一来为减少回填土方量，二来可以方便管道设备的敷设和维修。架空式木地面所用的面层材料与实铺木地面相似。所不同的是架空式木地面要在基层上制作职称结构，通常采用普通红砖，然后在地垅墙上固定木龙骨。架空的下部要做防潮处理，做灰土、碎砖三合土或混凝土，厚度为80～150mm的防潮层。这样的构造具有富有弹性、脚感舒适、防潮的特点，但因自身容易产生噪声而隔声效果较差（图2-32）。

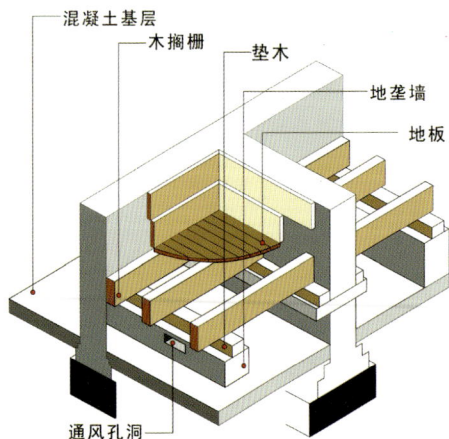

图2-33 架空式木地面构造2

架空式木地面构造方法：该构造方法主要有地垅墙(或砖墩)垫木、格栅、剪刀撑及毛地板、面层板几个部分，其中毛地面层板的材料规格与铺钉方式与格栅式实铺地面基本相同，下面重点介绍其他部分的构造（图2-33）。

（1）地垅墙砌筑

一般采用红砖、水泥砂浆或混合砂浆砌筑，依据现场条件和设计要求确定其厚度和架空的高度。垅墙与垅墙之间的间距，一般不宜大于2m。在地垅墙上应在砌筑时留120mm×120mm的通风孔洞，使每道垅墙之间的架空层及整个木基层架空空间与外部之间均有良好的通风条件。

（2）垫木的装设：

在地垅墙(或砖墩)与格栅之间，一般用垫木连接，垫木的厚度一般为50mm。垫木与地垅墙的连接，通常用预先埋设在砌体中8#铅丝进行绑扎的方法。作用是将格栅传来的荷载释放到地垅墙上。另外，垫木与砖砌体接触面应做防腐处理。

图2-32 架空式木地面构造1

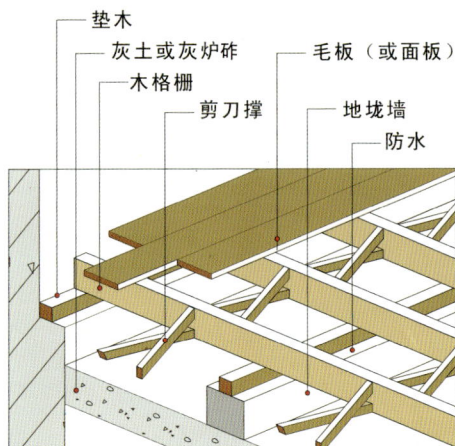

（3）木格栅、剪刀撑

木格栅的作用主要是固定和承托面层。其断面尺寸的选择根据地垅墙(或砖墩)的间距来确定。木格栅的布置，是与地垅墙(或砖墩)成垂直方向安放，其间距一般为400mm左右，在铺设找平后与垫木钉牢。在架空式基层中设置剪刀撑，对木格栅本身的翘曲变形有一定约束，更是一种增强整体地面的刚度、保证地面质量的构造措施。剪刀撑布置于木格栅之间。架空式木地面所用的木构件在使用前均应进行防潮、防腐处理。

3.强化复合木地板

近年来，一种来自欧洲的新型复合地板，以其理想的装饰效果、优异的使用特性、快捷方便的施工安装、造价经济等突出优点，在各种建筑地面设计中广泛应用。这类地板一般由四层组成：第一层为透明人造金刚砂的超强耐磨层；第二层为木纹装饰纸层；第三层为高密度纤维板的基材层；第四层为防水平衡层（图2-34、图2-35）。

经过高性能合成树脂浸渍后，再经高温、高压压制而成。复合木地板克服了普通纯木地板易腐朽、易开裂和易变形的缺点，精度高，阻燃性、耐沾污性好，抗重压，纹理自然逼真。也有部分复合地板面层制作成各种艺术凹凸纹理，适合一些高级住宅或商业空间使用，可与实木地板媲美。具体构造见第五章介绍（图2-36、图2-37）。

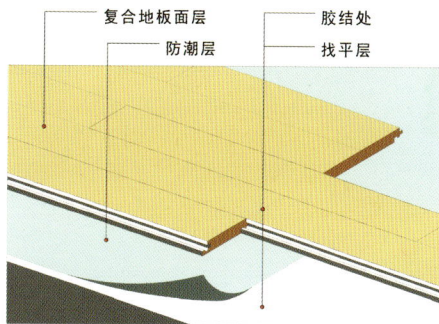

图2-35　复合地板地面构造

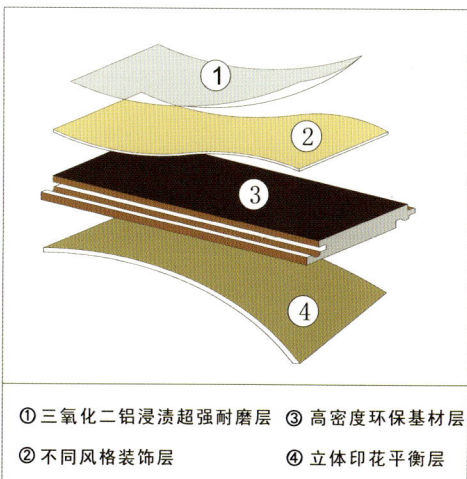

①三氧化二铝浸渍超强耐磨层　③高密度环保基材层
②不同风格装饰层　④立体印花平衡层

图2-34　复合地板部位关系

图2-36　复合地板铺设工具

图2-37　复合地板铺设

四、软质制品地面装饰构造

人造软质制品楼地面是指以质地较软的地面覆盖材料所形成的楼地面。由于制品成型的不同，可分为块材和卷材两种。常见的人造软质制品主要有塑料制品、橡胶制品及地毯等。块材图案、色彩变化多样，施工方便灵活，利于维修；相对比较，卷材施工烦琐，维修不便，适用于跑道、通道等连续的空间地面，以及有大面积图案变化设计要求的地面。具有自重轻、耐磨、抗冲击、耐腐蚀等特点，有良好的装饰效果。橡胶、塑料制品地面适用于商场、通道、展厅等人流量大的空间，地毯地面适用于高级住宅、宾馆、餐厅等有静音要求的场所，舒适度高于前者。

1.塑料地板地面

塑料地板楼地面是指用聚氯乙烯或其他树脂塑料地板作为饰面材料铺贴的地面。塑料地板与石材、陶瓷地面相比，具有脚感舒适、噪声较小和防滑耐腐蚀等优点。与地毯相比，又具有不易沾灰、易于清洗、吸水性较小和绝缘性能好等优点。此外，塑料地板易于铺贴，价格相对较低，因而广泛用于住宅、旅店客房及办公场所，但不适宜人流较密集的公共场所。PVC塑料地板适合各种不同层次的空间地面，但是造价相对较高（图2-38、图2-39）。

塑料地板地面构造方法：

在地面基层找平清理后，塑料地板的铺贴有两种方式，即直接铺设与胶粘铺贴。

（1）直接铺设，卷材材料切割后有一定的收缩，大面积塑料卷材要求定位截切，足尺铺贴。切好后应在平整的地面静置3～5天，并留有0.5%的余量。对不同的基层采取一些相应的措施。例如，在金属基层应加设橡胶垫层；在首层地面则应加做防潮层。

（2）胶粘铺贴，主要适用于半硬质塑料地板，其厚度一般约为2mm。胶粘铺贴采用粘贴剂与基层固定，胶

图2-38　PVC塑料地板

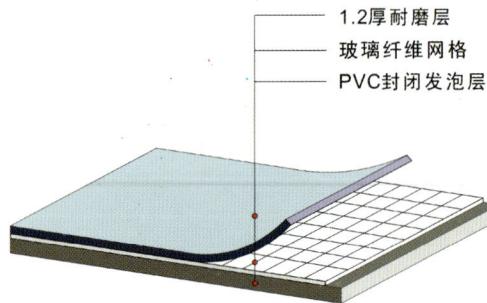

图2-39　PVC塑料地板构造

1.2厚耐磨层
玻璃纤维网格
PVC封闭发泡层

结剂可使用氯丁胶、白胶、白胶泥(白胶与水泥配合比为1:2～1:3)、醛水泥胶等。当有其他固定方法可以适用时，设计中应尽量考虑不采用粘贴式，因为粘贴式封闭了地面潮气，容易导致卷材的局部破损（图2-40）。

2.橡胶地毡地面

橡胶地毡是指在天然橡胶或合成橡胶中掺入适量的填充料加工而成的地面覆盖材料。与塑料材料的区别在于塑料发生形变是塑性变形，而橡胶是弹性变形。橡胶地毡表面有平滑和带肋之分，厚度为4～6mm，它与基层的固定一般用胶结材料粘贴的方法粘贴在水泥砂浆基层上。这种地面具有很好的弹性、保温、隔撞击声、耐磨、防滑和不带电等性能，适用于展览馆、幼儿园、学校、疗养院等公共建筑；也适用于车间、实验室的绝缘地面及游泳池边、游乐场、运动场等防滑地面并可直接在室外使用。

橡胶地毡的表面形式可分为平滑和带肋两种。质量高的产品框架采用了合金材料，承压大不易变形。基层找平后，与基层固定可用地毡构造连接或胶结材料粘贴的方法固定在基层上。构造方法与塑料地板大致相同（图2-41）。

3.地毯楼地面

地毯是一种高级地面装饰材料。它分为纯毛地毯和化纤地毯两类。纯毛地毯柔软、温暖、舒适、豪华、富有弹性，但价格昂贵，易虫蛀霉变。与化纤地毯相比，其回弹性、抗静电、抗老化、耐燃性都优于化纤地毯。化纤地毯经改性处理，可得到与纯毛地毯相近的耐老化、防污染等特性，价格较低，资源丰富。它由面层织物、防松涂层、初级背衬和次级背衬构成。其品种丰富，色彩各异，质感从柔软到强韧，适宜室内室外使用，还可以做成人工草皮，远远超过纯毛地毯的应用范围，已成为较普及的地面铺装材料（图2-42、图2-43）。

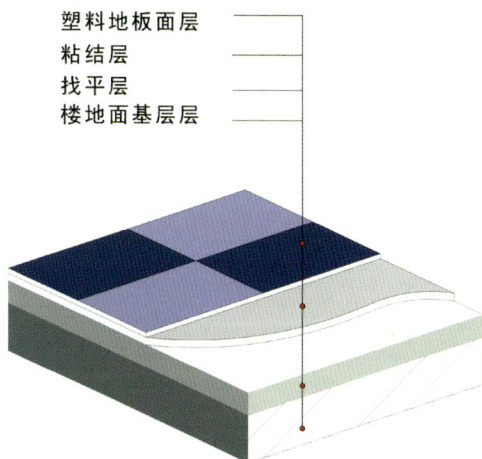

塑料地板面层
粘结层
找平层
楼地面基层层

图2-40　塑料地板地面构造

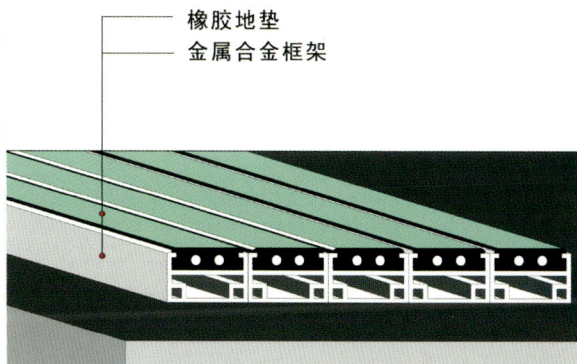

橡胶地垫
金属合金框架

图2-41　橡胶地板地面构造

地毯地面构造方法：

地毯铺设可分为满铺与局部铺设两种（图2-44）。铺设方式有固定式与不固定式之分。不固定式铺设是将地毯直接铺在地面上，不需要将地毯与基层固定，一般用于有一定规格的成品地毯。而固定式铺设一般用于大面积，是将地毯裁边黏结拼缝成为整体，摊铺后在地面加以固定。地毯铺装对基层要求不高，首层地面要做防潮处理。固定方法又分为粘贴法与倒刺板固定法。

（1）粘贴式固定法

用胶粘剂黏结固定地毯，一般不放垫层，把胶刷在基层上，然后铺上地毯固定在基层上。不常走动的房间可采用局部刷胶。公共场所地毯地面使用频率、磨损较高，应采用满刷胶。当用胶粘固定地毯时，地毯一般要具有较密实的基底层，常见的基底层是在绒毛的底部粘上一层2mm左右的胶，一般采用橡胶、塑胶、泡沫胶层，厚度为4～6mm，在胶的下面可以再贴一层薄毡片。

（2）倒刺板固定法

倒刺板一般可以用4～6mm厚、24～25mm宽的三夹板条或五夹板条制作，板上平行地钉两行斜铁钉。一般宜使钉子按同一方向与板面成60°角或75°角，倒刺板固定板条也可采用配套的产品。目前市售的多为"L"形铝合金倒刺、收口条。采用倒刺板固定地毯，一般应在地毯的下面加厚度为10mm的波纹垫层（图2-45、图2-46）。

图2-42 地毯地面

图2-43 地毯地面

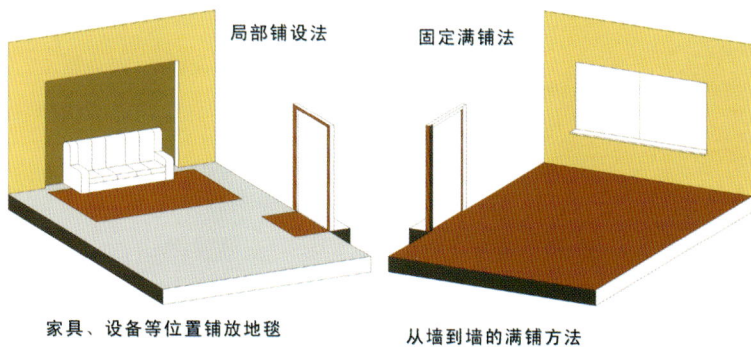

局部铺设法　　　　固定满铺法

家具、设备等位置铺放地毯　　　从墙到墙的满铺方法

图2-44　地毯铺设方法

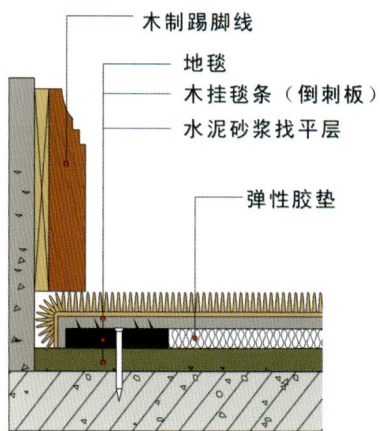

木制踢脚线
地毯
木挂毯条（倒刺板）
水泥砂浆找平层
弹性胶垫

图2-45　地毯铺设及收口构造1

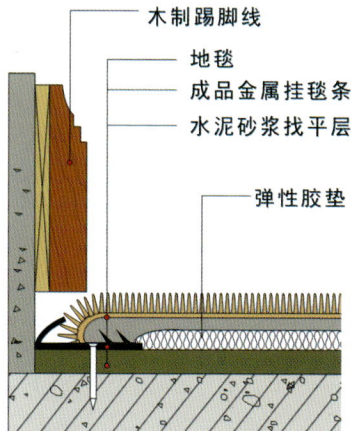

木制踢脚线
地毯
成品金属挂毯条
水泥砂浆找平层
弹性胶垫

图2-46　地毯铺设及收口构造2

[复习参考题]

◎　简述楼地面装饰设计的基本原则？
◎　通过调查、分析、整理楼地面常用装饰构造的基本方法。
◎　简述并绘制实木实铺地面的构造方法。
◎　简述并绘制大理石地面的构造方法。

第二章 墙面装饰构造

本章重点

— 重点掌握墙面装饰材料特点和构造基本原理。

学习目标

— 了解墙面的分类及基本功能。掌握各类墙面的材料、构造。

建议学时

— 6学时。

第三章 墙面装饰构造

第一节 //// 概 述

墙面装饰工程主要分为建筑内墙饰面和外墙饰面两大部分。墙面是分隔室内外建筑空间的主要建筑构件和侧界面，是建筑装饰主要的立面设计部分。外墙不但兼顾维护功能，有的还是承重构件而承担荷载。墙面在室内外空间中所占比例最大，较低范围内可以被人所接触到，所以要求墙面的视觉效果更细腻，部分部位要耐磨、耐污染及具有良好的触摸感，它更是连接地面和天棚的过渡中界，在交界处材料选择和构造设计需要认真推敲、处理得当。可以说，墙面装饰对室内空间物理环境和心理环境的营造影响较大，是建筑装饰的主要设计部分。

一、基本使用和装饰功能

1.保护墙体

建筑室内外墙面通过室内装饰构造设计和施工，可以防止风霜雪雨、腐蚀性气体和微生物的侵蚀，达到遮风挡雨、保证安全、防潮防老化等使用功能。墙体饰面构造对墙体进行的保护，在一定程度上可以提高墙体的耐久性和坚固性，延长使用寿命。

2.改善墙体的物理性能

通过墙体饰面材料的贴敷及构造处理，可以对墙体功能方面的不足进行调整，通过改善和提高墙体的热学、声学、光学性能，从而创造更好的建筑物理环境。例如通过加宽墙体、保温抹灰饰面，能够保温、隔热，达到节能和改善建筑热环境的目的；室内墙面通过不同形态、质感、色彩的饰面材料构造处理，有目的的对声音、光线的反射或吸收进行调解，有利于创造优质的声、光环境。

3.装饰要求

墙面装饰是建筑室内外环境设计的主要组成，是地面和天棚装饰界面统一和谐的关键中介，是室内的家具、陈设等后期设计的基础，因此，必须以系统性的思维，把墙面和室内内含物进行整体设计，同时注意质感、纹理、图案和色彩对人的生理状况和心理情绪的影响，在创造良好物理环境的基础上满足精神的追求。

二、墙面装饰构造的分类

建筑的墙体饰面类型，按材料和施工方法的不同可分为抹灰类、贴面类、涂刷类、板材类、卷材类、罩面板类、清水墙面类、幕墙类等。墙面装饰的材料种类繁多，做法各异，但从构造技术的角度可以归结为：抹灰类、贴面类、钩挂类、贴板类、裱糊类。每一类构造虽然包含多种饰面材料，但在构造技术上，尤其是基层与找平层处理上有很大相似之处。

分类方法	类型细分
根据材料分类	1.涂料饰面墙面　2.砖类饰面墙面　3.石材饰面墙面　4.板材饰面墙面 5.清水饰面墙面等
根据构造方法和施工工艺分类	1.抹灰类饰面墙面　2.贴面类饰面墙面　3.钩挂类饰面墙面　4.贴板类饰面墙面 5.裱糊类饰面墙面等

本书以构造方法和施工工艺为主，依据面层材料的不同，有选择地进行介绍。

第二节 ///// 墙面装饰的基本构造

一、抹灰类墙面装饰构造

抹灰类墙面装饰构造分为内抹灰和外抹灰,内抹灰主要是保护内墙体和改善室内卫生条件,提高光线反射及审美要求。外抹灰主要是保护外墙不受自然侵蚀,提高墙面的防潮、防风化、隔热等能力。抹灰类墙面装饰构造的使用能提高墙身的耐久性,它既是建筑物表面装饰的基础也是装饰手段之一。抹灰类墙面因造价低廉、施工简便而得到广泛应用(图3-1～图3-3)。

1.抹灰类饰面的基本构造组成

抹灰的分层:为使抹灰层与建筑主体表面粘接牢固,防止开裂、空鼓和脱落等质量弊病的产生并使之表面平整,装饰工程中所采用的普通抹灰和高级抹灰均应分层操作,即将抹灰饰面分为底层、中层和面层三个构造层次(图3-4、图3-5)。

(1)底层抹灰为黏结层,其主要作用是确保抹灰层与基层牢固结合初步找平。

(2)中层抹灰为找平层,主要起找平作用。

(3)面层抹灰为装饰层,对于以抹灰为饰面的工程

图3-1 抹灰类墙面

图3-2 抹灰类墙面

图3-3 抹灰类墙面

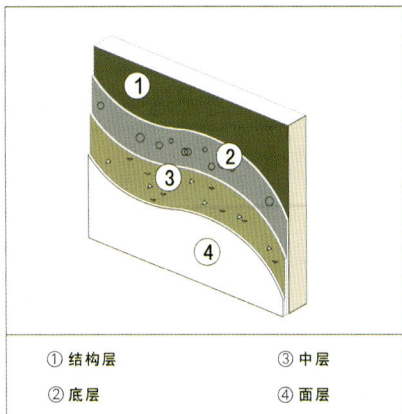

图3-4 抹灰类墙面构造

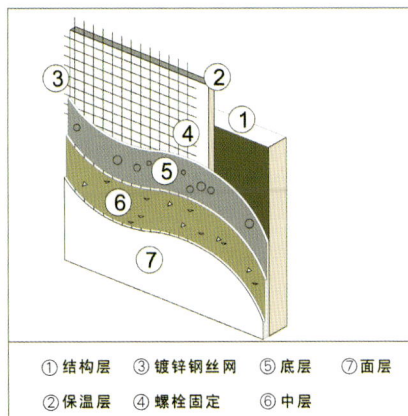

①结构层　③中层
②底层　④面层

图3-5 外保温复合墙体构造

①结构层　③镀锌钢丝网　⑤底层　⑦面层
②保温层　④螺栓固定　⑥中层

施工,不论一般抹灰或装饰抹灰其面层均是通过一定的操作工序,使表面达到一定的效果,起到饰面美化目的。

2.普通抹灰类墙面主要是为满足建筑物的使用功能,对墙面进行的基本的饰面处理

内墙抹灰类饰面的构造层次与外墙抹灰类饰面相同,麻刀灰是在石灰砂浆中掺加纤维状物质,使墙面灰浆的拉接力增强,提高抵抗裂缝的能力。面层做法在材料上选择不同,室内表涂一般采用纸筋石灰粉面为原材料。纸筋石灰粉面是一种气硬性材料,和易性极佳,可以将墙面粉刷得平整细腻。粉刷好的石灰墙面还可以作为卷材类和涂料类饰面的基层。表涂的厚度一般控制在1~2mm之间,太厚会产生干裂纹。

二、贴面类墙面装饰构造

贴面类墙面装饰是指尺寸、重量不是很大的人造或天然饰面预制块材,用砂浆类材料黏结于墙面基层的构造方法。其常见贴面类材料有各种陶瓷预制面砖、超薄形天然石材等。这些材料一般说既可以用于外墙面,也可以用于内墙面的装修装饰。贴面类饰面坚固耐用、色泽稳定、易清洗、耐腐蚀、防水、装饰效果丰富,是目前高级建筑装饰中墙面装饰经常用到的饰面。

贴面墙面饰面的基本构造,大体上由底层砂浆、黏结层砂浆和块状贴面材料面层组成。底层砂浆具有使饰面层与墙体基层之间黏附和找平的双重作用,因此在习惯上称为"找平层"。黏结层是与底层形成良好的连接,并将贴面材料黏附在底层上。常用于直接镶贴的材料主要有:陶瓷制品(如釉面砖、陶瓷锦砖等)、小块天然大理石、人造大理石、碎拼大理石、玻璃锦砖等。

普通抹灰类饰面构造见下表:

抹灰名称	构造做法	应用范围
混合砂浆抹灰	底层:水泥:石灰:沙子加麻刀 =1:1:3, 6mm厚 中层:水泥:石灰:沙子加麻刀 =1:1:6, 10mm厚 面层:水泥:石灰:沙子=1:0.5:3, 8mm厚	一般砖石墙面
水泥砂浆抹灰	素水泥浆一道内掺水重3%~5%的有机高分子乳胶 底层:14mm厚1:3水泥砂浆(扫毛或划出条纹) 面层:6mm厚1:2.5水泥砂浆	有防潮要求的房间
石膏灰罩面	底层:13mm厚1:2~1:3麻刀灰砂浆 面层:2~3mm厚石膏灰(分三遍完成)	高级装修的室内抹灰罩面

装饰类抹灰类饰面是在普通抹灰基础上,对抹灰表面进行喷涂、弹涂、水刷等装饰性处理,在施工工艺及质量方面要求更高。

1. 面砖饰面

面砖多数是以陶土为原料,压制成型后经1100℃左右高温煅烧而成的。面砖一般用于装饰等级要求较高的工程。面砖可以分为许多不同的类型,按其用途可以分为内墙砖和外墙砖;按其特征有有釉无釉之分;釉面又可分为有光釉的和无光釉的两种表面,砖的表面有平滑的和带有一定纹理质感的(图3-6、图3-7)。

面砖饰面的构造方法:

(1)基层处理:先在基层上抹1:3的水泥砂浆作底层,也称找平层。厚度为15mm,分层抹平两遍即可,做到基层表面平整而粗糙。

(2)粘贴层:因水泥砂浆属于水硬性材料,容易被体面材料吸收水分而影响粘贴强度。可以采用掺107胶作为缓凝剂,但是107胶中含有甲醛等有害物质而不建议使用。因此黏结砂浆宜采用1:0.2:2.5的水泥石灰混合砂浆,其厚度约为6~10mm。

(3)粘贴面砖后并用1:1白色水泥细砂浆填缝(图3-8、图3-9)。

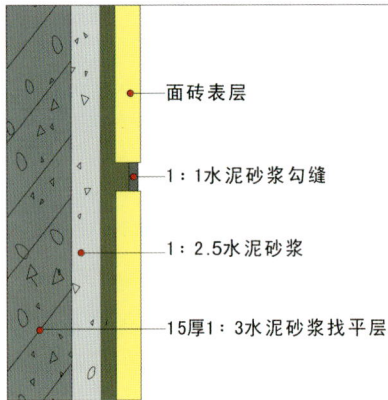

图3-8 面砖饰面构造

面砖表层
1:1水泥砂浆勾缝
1:2.5水泥砂浆
15厚1:3水泥砂浆找平层

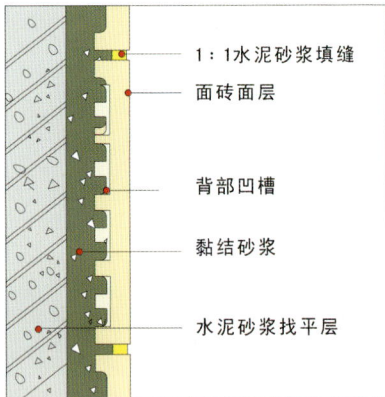

图3-9 面砖的结合情况

1:1水泥砂浆填缝
面砖面层
背部凹槽
黏结砂浆
水泥砂浆找平层

图3-6 内墙面砖

图3-7 外墙面砖

2．陶瓷、玻璃锦砖饰面

（1）陶瓷锦砖饰面

陶瓷锦砖又称"陶瓷马赛克"、"牛皮砖"，是以优质瓷土烧制成的片状小瓷砖，拼成各种图案贴在牛皮纸上成为一联，有挂釉和不挂釉两类。它的质地坚硬、经久耐用、色泽多样、耐酸、耐碱、耐火、耐磨、不渗水、抗压力强、吸水率小，在±20℃温度下无开裂现象。随着现代建筑的发展，陶瓷锦砖的应用越来越广，被广泛用于地面和内、外墙饰面。陶瓷锦砖的断面有凹面和凸面两种。凸面多用于墙面装修，凹面多铺设地面。金属锦砖多用于高档商业空间（图3-10～图3-17）。

图3-10　陶瓷锦砖面砖饰面

图3-11　陶瓷锦砖面砖饰面

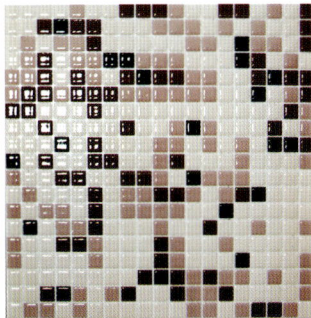

图3-12　陶瓷锦砖

图3-13　陶瓷锦砖

图3-14　陶瓷锦砖

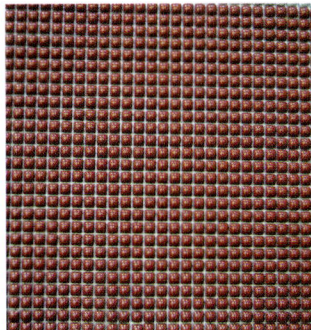

图3-15　陶瓷锦砖

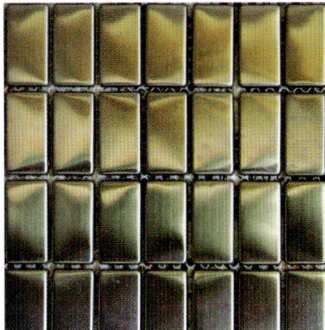

图3-16　金属锦砖

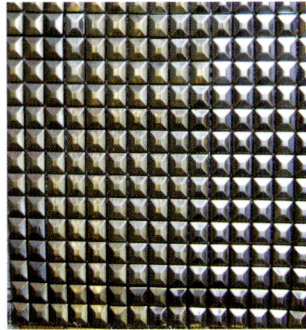

图3-17　金属锦砖

陶瓷锦砖饰面构造方法：

一般用1：3水泥砂浆作底灰，厚度为15mm，粘贴层用1：1素水泥砂浆铺贴，厚度为3～5mm，然后将牛皮纸润湿撕掉。最后用1：1水泥砂浆填缝（图3-18）。

（2）玻璃锦砖饰面

玻璃锦砖饰面又称"玻璃纸皮砖"，是以玻璃烧制而成的小块贴于纸上的饰面材料。其特点是质地坚硬、性能稳定、表面光滑、耐热、耐寒、耐大气、耐酸碱、不龟裂，适用于内外墙饰面用。其背面略呈锅底形，并有沟槽，断面呈梯形。玻璃锦砖这种断面形式及背面的沟槽是考虑其玻璃体吸水性较差，为了加强饰面材料和基层的黏结而做的处理。这种梯形断面一方面增大了单块背后的黏结面积，另一方面也加大了块与块之间的黏结面。至于背面的沟槽，使接触面成为粗糙的表面，也使黏结性能得以提高（图3-19～图3-22）。

玻璃锦砖饰面构造方法：

用掺胶水的水泥砂浆作黏结剂，把玻璃锦砖贴于黏结层表面。其构造层次是：先抹15mm厚1：3水泥砂浆做底层并刮糙，一般分层抹平，两遍即可。在此基础上，用1：1水泥砂浆做黏结层，厚度为3mm左右。粘贴玻璃锦砖时，在其麻面上抹一层2mm左右厚的水泥浆，然后纸面朝外，把玻璃锦砖镶贴在黏结层上。为了使面层黏结牢固，应在白水泥素浆中掺水泥重量的4%～5%的白胶及掺适量的面层颜色相同的矿物颜料，然后用同种水泥色浆擦缝。

锦砖类饰面构造基本相同，以玻璃锦砖构造为例说明（图3-23）。

三、贴挂类墙面装饰构造

贴挂类墙面装饰构造，主要指较为厚重的板块饰面石材，如天然大理石、花岗岩、微晶石材的饰面。（图3-24、图3-25）石材墙面的构造方法与工艺主要有"贴、挂"两种。小规格的（一般指边长不超过400mm，厚度

图3-18 陶瓷锦砖施工

图3-19 玻璃锦砖

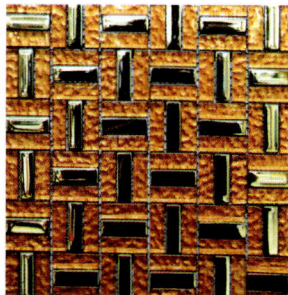
图3-20 玻璃锦砖

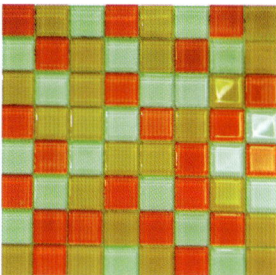
图3-21 玻璃锦砖

图3-22 玻璃锦砖

在10mm左右的薄板）板材而且安装高度在1m以下时，通常用粘贴的方法安装。大规格面板材（一般指边长500～2000mm）或厚度大的块材（40mm以上）如果用砂浆粘贴，有可能承受不了板块的自重引起坍落，所以大规格的饰面板一般采用"挂"的方法。"挂"的方法有钩挂、系挂和干挂三种。当镶贴面积较大的板材时，本章按照湿法挂贴（贴挂整体法构造）、干挂固定（钩挂件

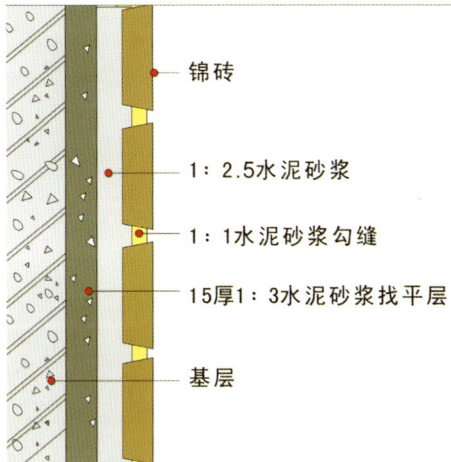

图 3-23　玻璃锦砖构造

锦砖

1：2.5水泥砂浆

1：1水泥砂浆勾缝

15厚1：3水泥砂浆找平层

基层

图 3-24　石材墙面

图 3-25　石材墙面

固定构造）进行介绍。

1.湿法挂贴

（1）工序：钻孔剔凿→穿铜丝或镀锌铅丝→焊钢筋网→弹线→石材刷防护剂→基层准备→安装石材板→分层灌浆→擦缝清洁。

（2）铺设钢筋网：湿法挂贴首先要在墙体结构中预留钢筋头，或在砌墙时预埋镀锌铁钩或膨胀螺栓。安装时，在铁钩内先下竖向主筋，钢筋直径为6~9mm，间距500~1000mm，然后按板材高度在主筋上绑扎横筋，构成钢筋网。钢筋网也可以和基层预设构件焊牢。

（3）绑扎固定板材：在板材上端两边钻孔，用钢丝或镀锌铁丝穿孔将板材绑扎在横筋上。板材与墙身之间留30~50mm缝隙。湿法挂贴中也有采用木楔固定构造的。其做法是在基层上不加钢筋网，将钢丝的一端连同木楔打入墙身，另一端穿入大理石孔内绑扎结实。

（4）灌浆固定：最后在墙面与石材的缝隙中分层灌注1：2.5的水泥砂浆（图3-26）。

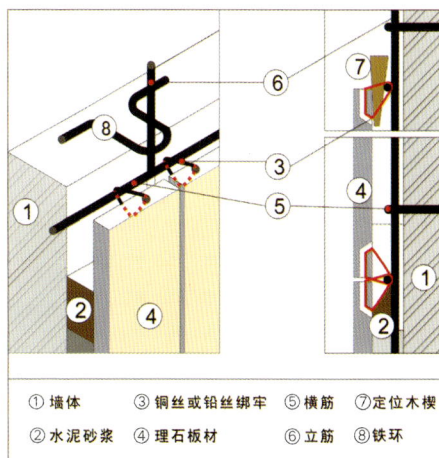

| ①墙体 | ③铜丝或铅丝绑牢 | ⑤横筋 | ⑦定位木楔 |
| ②水泥砂浆 | ④理石板材 | ⑥立筋 | ⑧铁环 |

图 3-26　石材湿法挂贴构造

2.干挂固定

湿法挂贴构造功效较低,同时湿砂浆的化学反应容易出现板材表面花脸、变色、锈斑等现象。干挂法有施工快捷、减轻建筑物自重、无污染等优点,因此在高级建筑墙体饰面中被广泛采用。

干挂固定构造方法:

(1)工序:吊垂直、套方找规矩→龙骨固定和连接→石材开洞→ 挂件安装→石材安装→打胶或接缝。

(2)干挂法是用不锈钢型材或连接件将板块支托并固定在结构主体上,连接件用膨胀螺栓固定在墙体上,对结构主体强度要求较高。石材干挂的附属材料主要是挂件和干挂胶。上下两层之间的间距等于板块的高度,板块上的凹槽应在板厚中心线上,且应和连接件的位置相吻合(图3-27~图3-29)。

四、贴板类墙面装饰构造

贴板类饰面也称罩面板饰面,是指用木面板、木线条、竹条、胶合板、纤维板、石膏板等材料,通过镶、钉、拼贴等构造手法构成的墙面饰面。这类饰面是建筑装饰中较为传统的构造方法。不锈钢板、金属薄板、三聚氰胺装饰板、塑铝板、玻璃等新材料也多采用此构造,具有安装简便、湿作业量小、耐久性好、装饰效果丰富的优点。

1.基本构造做法

主要是在墙体或结构主体上首先固定龙骨骨架,形成饰面板的结构层,然后利用粘贴、紧固件连接、嵌条定位等手段,将饰面板安装在骨架上。有的饰面板还需要在骨架上先设垫层板,如细木工板、多层板等,再安装面板。具体做法依据材料特性和装饰部位来确定,如木墙面分层构造示意(图3-30)。

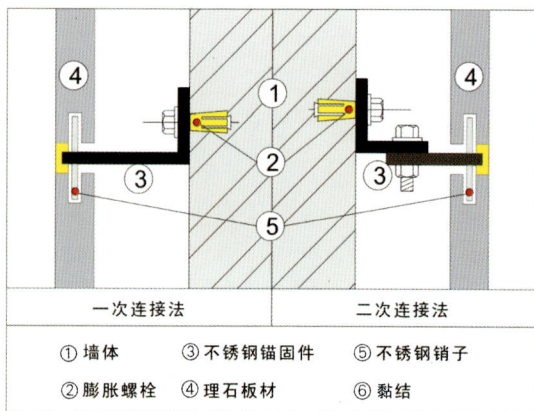

① 墙体	③ 不锈钢锚固件	⑤ 不锈钢销子
② 膨胀螺栓	④ 理石板材	⑥ 黏结

图3-27 石材干法固定构造

图3-28 石材干法   图3-29 石材干法

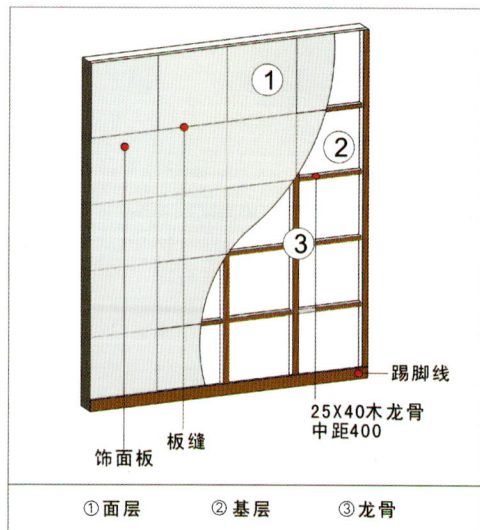

踢脚线
25X40木龙骨
中距400
板缝
饰面板

①面层	②基层	③龙骨

图3-30 贴板类墙面分层构造

2．木制品护壁

木制品护壁是一种高级的室内装饰。它常用于人们容易接触的部位，一般高度视功能而定，也可以与顶棚做平。门、窗、窗帘盒等贴面装饰板类的部位与此构造做法有相同之处。由于人们对环保意识的提高和审美取向简洁化的要求，居住空间墙面此类做法减少，多见于商业建筑的空间装饰（图3-31、图3-32）。

木制品护壁构造方法：

（1）木制墙面由龙骨、衬板、饰面板和线条组成。通常先在墙面预埋防腐木砖，再钉立木骨架，木骨架的断面采用(20～45)mm×(40～45)mm，木骨架由竖筋和横筋组成，竖筋间距为400～600mm，横筋间距可稍大些。为了防止墙体的潮气使面板产生翘曲，可以通过埋在墙体内木砖的出挑，使面板、木筋和墙面之间离开一段距离。

（2）因木龙骨制作费时费工，为减少空间占用和墙体物预设木砖情况下，一般通过墙面预设的锥形木楔直接用衬板与墙体连接。

（3）面层在衬板上用胶粘加钉接的方式拼贴饰面板材，并用实木或人工合成木线条进行压缝、收口（图3-33）。

图3-32　木墙面

3mm饰面板　细木工板（垫层）
实木收口线　龙骨架
木（顶角）线　踢脚板

图3-33　木墙面构造

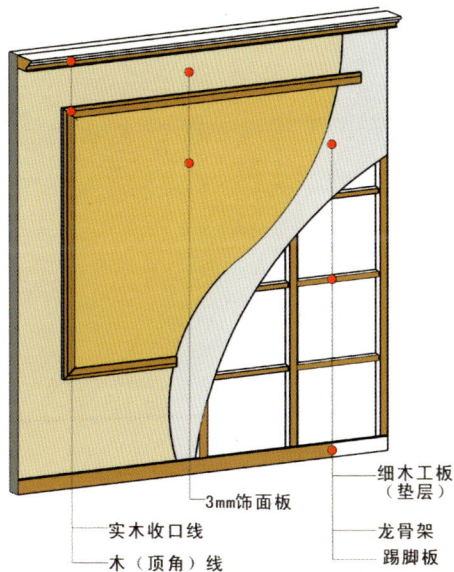

图3-31　木墙面

3. 竹护壁

竹材装饰表面光洁、细密，其抗拉、抗压性能均优于普通木材，而且富有弹性和韧性，用于装饰，能让人产生自然的联想。竹材易腐烂、开裂和受虫蛀，使用前应进行防腐、防裂处理，如涂刷油漆、桐油等加以保护。竹条一般选用直径约20mm左右均匀的竹材，整圆或半圆固定在木框上，再镶嵌在墙面上，大直径的竹材可剖成竹片，将竹青做面层。其基本构造做法和木制贴面大致相同（图3-34）。

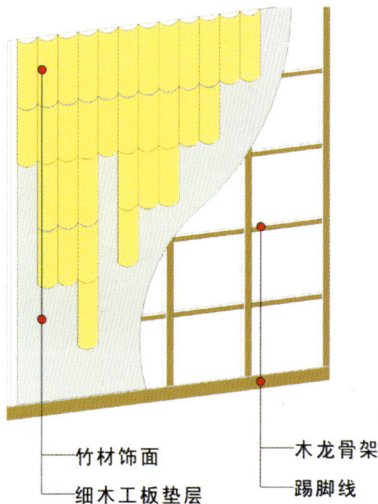

图3-34 竹墙面分层构造

4. 玻璃墙饰面

玻璃装饰板品种繁多，普通平板镜面玻璃或茶色、蓝色、灰色的镀膜镜面玻璃等，各种艺术玻璃如热熔玻璃、碎纹玻璃、彩釉玻璃、水晶玻璃等，使得装饰设计手段更为多样。玻璃墙面光滑易清洁，一般用于墙面、隔断墙、入口等部位的装饰，起到活跃气氛、扩大空间、虚实相生等作用，也可结合不锈钢、铝合金等材料用于室外的装饰（图3-35～图3-37）。

图3-35 玻璃墙面

图3-36 玻璃墙面

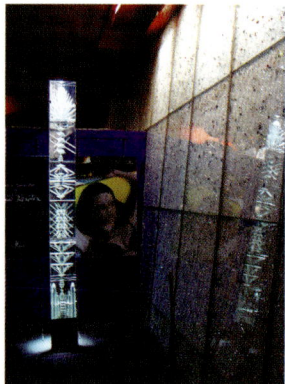

图3-37 玻璃墙面

玻璃墙饰面的构造方法：

首先在墙体基面上设置隔气防潮层，防止木衬板受潮变形，影响玻璃表面质量。然后按现场要求立木筋做成木框格，木筋上钉人造多层衬板，最后再将玻璃固定。固定方法主要有：

（1）钉固法：在玻璃上钻孔，用各种金属装饰钉直接把玻璃固定在木基层上（图3-38）；

（2）嵌压（托压）法：是靠压条和边框压住玻璃，而压条是用螺钉固定于木筋上的，压条用硬木、塑料、金属(铝合金、不锈钢、铜)等材料制成（图3-39）；

（3）黏结法：是用环氧树脂把玻璃直接粘在衬板上，

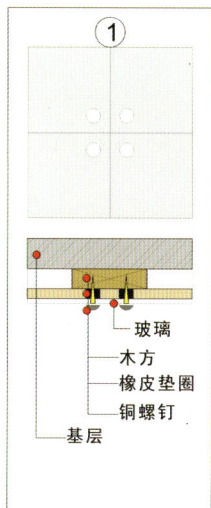

图 3-38　玻璃钉固法　　　　图 3-39　玻璃嵌压（托压）法　　图 3-40　玻璃黏结法

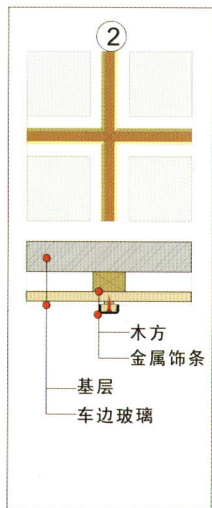

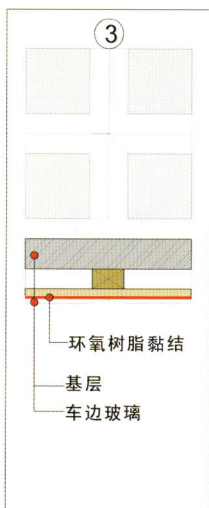

此法适用于大面积镜面安装，并用玻璃胶四周密封（图
3-40～图 3-43）。

五、裱糊类墙面装饰构造

裱糊类墙面装饰对墙面起到很好的遮掩和保护作
用，视觉效果柔和，色彩、纹理和图案等丰富，品种众
多，选择性很大。裱糊类墙面一般采用卷材柔性材料，
它施工方便，适宜于曲面、弯角、转折、线脚等处成型
粘贴。目前，通过压花、印花、发泡等手段，可以模仿
金属、石材、木纹、皮革等各种质感。裱糊类材料一般
有壁纸、波音软片、皮革等，墙纸墙布是使用最广泛的
材料。

1.壁纸饰面

壁纸是以纸基、布基和其他纤维等为底层，以聚氯
乙烯或聚乙烯为面层，俗称PVC墙纸，经复合、印花或
发泡压花等工序而制成。壁纸不仅广泛地用于墙面装
饰，也可应用于吊顶面。它具有色彩丰富，图案装饰性

图 3-41　玻璃墙面预制木楔　　　　图 3-42　玻璃墙面垫板制作

图 3-43　玻璃墙面完工后

强，易于擦洗，易于更新等特点。按面层材质可分类为：纸面壁纸、塑料壁纸、布面壁纸（壁布）、木面壁纸、金属壁纸、植物类壁纸、硅藻土壁纸（图3-44、图3-45）。

壁纸饰面构造做法：

（1）基层处理

裱糊前，应先在基层刮泥子，视基层的实际情况采取局部刮泥子、满刮一遍泥子或满刮两遍泥子，而后用砂纸磨平，基层表面达到平整光滑，房间的阳角和阴角要方正、顺直。同时为了避免基层吸水过快，还应对基层进行封闭处理，处理方法为：在基层表面满刷一遍按1∶3配比的酚醛清漆和松节油的底漆。

（2）壁纸的预处理

由于塑料壁纸遇水或胶水后，自由膨胀变形较大，故裱贴墙纸前，应预先进行闷水处理，闷水方法：用排笔蘸清水湿润背面(即滑水)。可将裁好的壁纸卷成一卷放入盛水的桶中浸泡3～5min，然后拿出来将其表面的明水抖掉，再静停20min左右。玻璃纤维壁纸和无纺布壁纸可不用此程序。

（3）饰面裱贴

一般来说，裱糊壁纸的关键为裱贴的过程和拼缝技术，粘贴剂通常用壁纸专用胶。粘贴时注意保持纸面平整，防止出现气泡，并对拼缝处压实。注意壁纸背面不能刷胶，否则容易出现胶痕（图3-46）。

2.皮革与人造革饰面

皮革与人造革饰面是作为一种装饰手段，具有质地柔软、保温、耐磨、易清洁、吸声、消震等特点。一般用于健身房、练功房、幼儿园等要求防止碰撞的空间；以及酒吧、餐厅、客房、起居室等局部装饰；也适用于录音棚等对声学有较高要求的空间。

皮革与人造革饰面的构造做法：

皮革与人造革饰面的做法与木护壁的基层处理大致相似。在木制基层基础上铺贴皮革或人造革。皮革或人造革内用高弹柔软材料平放在衬板上。铺贴固定皮革的

方法有两种：

（1）采用暗钉口将其钉在墙筋上，最后用金属装饰钉按划分的分格尺寸在每一分块的四角钉入即可。

图3-44　壁纸墙面

图3-45　壁纸

（2）将木装饰线条沿分格线位置固定或者用小木条固定，再在小木条表面包裹不锈钢之类金属装饰线条（图3-47、图3-48）。

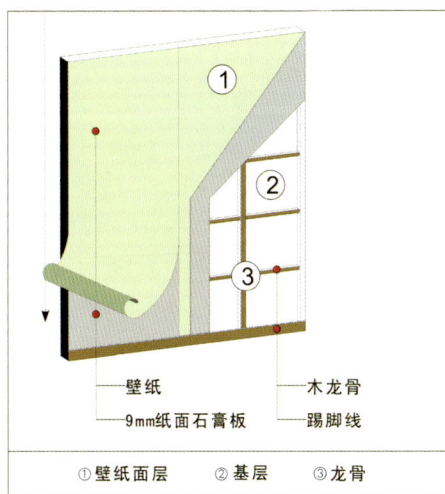

图 3-46　壁纸墙面分层构造

壁纸
9mm纸面石膏板
木龙骨
踢脚线
①壁纸面层　②基层　③龙骨

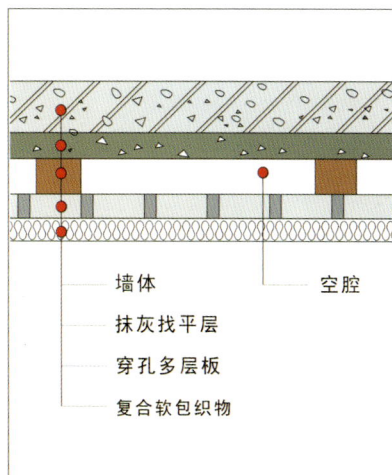

图 3-47　吸声软包墙面构造

墙体
抹灰找平层
穿孔多层板
复合软包织物
空腔

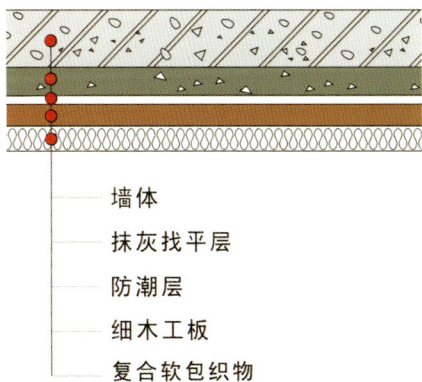

墙体
抹灰找平层
防潮层
细木工板
复合软包织物

图 3-48　普通软包墙面构造

[复习参考题]

◎　简述墙面装饰设计的基本原则。
◎　通过调查、分析、整理墙面常用装饰构造的基本方法。
◎　简述并绘制石材墙面的构造方法。
◎　简述并绘制木制墙面的构造方法。
◎　简述并绘制玻璃墙面的构造方法。
◎　简述并绘制皮革与人造革墙面的构造方法。

第四章 顶棚装饰构造

本章重点 ↗

重点掌握悬吊类顶棚的材料、构造；木质地面的材料与构造。了解掌握各类顶棚的材料与构造，及装饰新材料的构造工艺。

学习目标 ↗

了解楼顶棚的分类及基本功能。掌握各类楼顶棚材料、构造。

建议学时 ↗

6学时。

第四章　顶棚装饰构造

第一节 //// 概　述

顶棚是位于建筑物楼屋盖下表面的装饰构件，又称天花、天棚。顶棚是围合建筑空间的顶界面，是建筑装饰工程的重要组成部分。顶棚的构造设计与选择应从建筑功能、建筑声学、建筑照明、建筑热工、管线敷设、防火安全、设备安装、维护检修等多方面综合考虑，在此基础上结合美学因素进行整体设计。

一、基本使用和装饰功能

1. 使用功能

基本使用功能要求：顶棚装修装饰可以整洁、保护建筑顶界面的结构层，通过吊顶棚还可以遮掩管线设备，以保证建筑空间的卫生条件和使结构构件延年耐久。要考虑室内使用功能对建筑技术的要求。照明、通风、保温、隔热、吸声或反射声、音响、防火等技术性能，直接影响室内的环境与使用。通过顶棚的色彩对光、热的反射和吸收创造特定的室内光环境等，改善室内环境。例如剧场的顶棚形式，对造型和技术要进行综合考虑，饰面材料和构造要满足对吸收或反射声波，调整室内的声强、声分布和混响时间的功能。

2. 安全功能

由于顶棚位于室内空间上部，顶棚上要安装灯具、烟感器等设施，顶棚内要安装空调、通风等设备，有时还要满足上人检修要求，所以顶棚的安全、牢固、稳定十分重要。

3. 设备要求

顶棚的设备复杂，顶棚装饰设计要与设备配合，要

周密考虑顶棚的风口位置、消防喷水孔的位置、灯位的摆放、音响设备的设置、防火、监控设施的摆放、通风等诸多具体方面的关系。同时顶棚的装饰可以起到遮蔽设备及管线的功能。

4. 装饰要求

顶棚是除墙面、地面之外，用以围合成室内空间的另一个大面。建筑装饰效果要求顶棚的形式、色彩、质地设计，应与建筑室内空间的环境总体气氛相协调，形成特定的风格与效果，从空间、光影、材质等诸方面，渲染环境，烘托气氛。室内装饰的风格与效果，与顶棚的造型、构造方法及材料的选用之间有着十分密切的关系。因此，顶棚的装饰处理对室内环境的完整统一、增加空间尺度感等有很大影响。

综上所述，顶棚装饰是技术要求比较复杂、难度较大的装饰工程项目，必须结合建筑内部的体量、装饰效果的要求、经济条件、设备安装情况、技术要求及安全问题等各方面来综合考虑。

二、顶棚装饰构造的分类

顶棚装饰根据不同的功能要求可采用不同的类型，顶棚的分类可以从不同的角度来进行。

第二节 ///// 顶棚装饰的基本构造

一、直接式顶棚的装饰构造

直接式顶棚是在屋面板、楼板等底面直接进行喷浆、抹灰、粘贴壁纸、粘贴面砖、粘贴或钉接石膏板条与其他板材等饰面材料。有时把不使用吊杆、直接在楼板底面铺设固定龙骨所做成的顶棚，以及结构顶棚也归于此类。如直接石膏装饰板顶棚。这一类顶棚构造的关键技术是如何保证饰面层与基层牢固可靠地粘贴或钉接。

1.抹灰、喷刷、裱糊类直接式顶棚

直接式顶棚一般具有构造简单，构造层厚度小，空间利用率高；采用适当的处理手法，可获得多种装饰效果；材料用量少，施工方便，造价较低等特点。适合没有管线设备、设施的位置，以充分利用空间。这一类顶棚通常用于普通建筑，及室内建筑高度空间受到限制的场所。

抹灰、喷刷、裱糊类直接式顶棚的构造方法：

（1）基层处理：基层处理的目的是为了保证饰面的平整和增加抹灰层与基层的黏结力。具体做法是：先在顶棚的基层上刷一遍素水泥浆，然后用混合砂浆打底找平。

（2）中间层、面层的做法和构造与墙面装饰技术类同（图4-2）。

2.直接固定装饰板顶棚

这类顶棚与悬吊式顶棚的区别是不使用吊杆，直接在结构楼板底面铺设固定龙骨。

直接固定装饰板顶棚构造方法：

（1）铺设固定龙骨

直接式装饰板顶棚一般多采用木方作龙骨，间距根据面板厚度和规格确定。为保证龙骨的平整度，应根据房间宽度，将龙骨层的厚度(龙骨到楼板的间距)控制在55~65mm以内。龙骨与楼板之间的间距可采用垫木填嵌。龙骨的固定方法一般采用胀管螺栓或射钉将连接件

分类方法	类型细分
根据外观的不同分类	1.平滑式顶棚　2.井格式顶棚　3.悬浮式顶棚　4.分层式顶棚等（图4-1）。
根据施工工艺分类	1.抹灰刷浆类顶棚　2.贴面类顶棚　3.装配式板材顶棚　4.裱糊类顶棚　5.喷刷类顶棚等
根据表面与基层关系的分类	1.直接式顶棚　2.悬吊式顶棚等
根据构造方法分类	1.无筋类顶棚　2.有筋类顶棚等
根据显露状况分类	1.开敞式顶棚　2.隐蔽式顶棚等
根据表面材料的分类	1.木质顶棚　2.石膏板顶棚　3.金属板顶棚　4.玻璃镜面顶棚　5.装饰板材顶棚等
根据承受荷载能力分类	1.上人顶棚　2.不上人顶棚

此外，还有结构顶棚、软体顶棚、发光顶棚等。本书以构造方法和施工工艺为主，依据面层材料的不同，有选择地进行介绍。

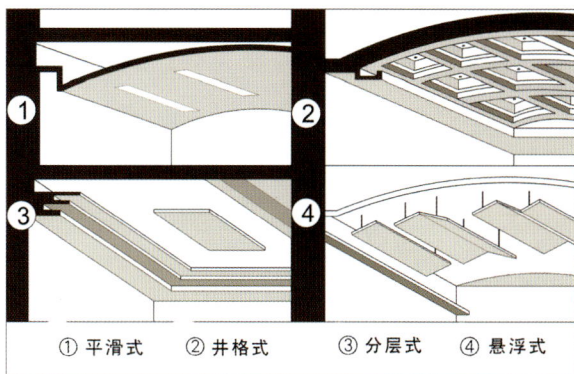

① 平滑式　② 井格式　③ 分层式　④ 悬浮式

图 4-1　顶棚形式

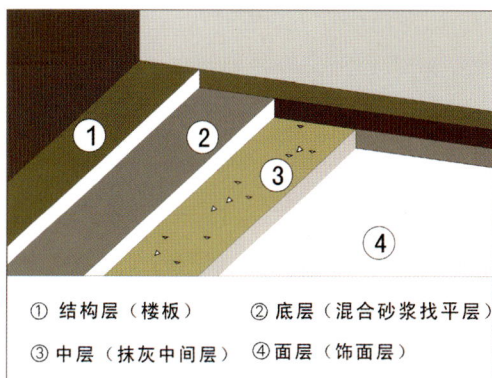

① 结构层（楼板）　② 底层（混合砂浆找平层）
③ 中层（抹灰中间层）　④ 面层（饰面层）

图 4-2　顶棚分层构造

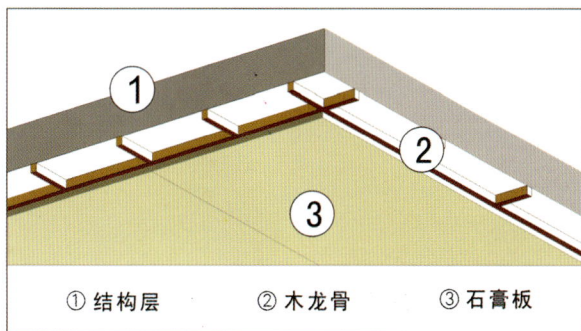

① 结构层　② 木龙骨　③ 石膏板

图 4-3　直接固定顶棚分层构造

图 4-4　直接固定顶棚

固定在楼板上。龙骨与楼板之间的间距较小，且顶棚较轻时，也可采用冲击钻打孔，埋设锥形木楔的方法固定。

（2）铺钉面板

装饰面板可以直接与木龙骨钉接，再对板面进行装饰处理，如喷涂、贴糊等（图 4-3、图 4-4）。

二、悬吊式顶棚的装饰构造

悬吊式顶棚是指这种顶棚的装饰表面与屋面板、楼板等之间留有一定的距离，在这段空间中，通常要综合布置各种管道和设备，如灯具、通风管道、空调、灭火器、烟感器等。一般来说，悬吊式顶棚可以根据现场情况采取不同的高差造型，产生不同的空间效果，适用于中、高档次的建筑顶棚装饰。悬吊式顶棚内部空间的高度，在没有功能要求以及室内空间体量无特殊要求时，以空间最大化为设计基本要求。若需利用顶棚内部空间作为敷设管线管道、安装设备等的技术空间，以及有隔热通风层的需要，则可根据不同情况随形就式，做到功能与美观的统一，必要时应预设维修口。悬吊式顶棚一般由基层、吊筋、面层三大基本部分组成（图4-5、图4-6）。

本章将板材类吊顶作为悬吊式吊顶的主要内容。板材顶棚类顶棚的基本构造是在其承重结构上预设吊筋，或用射钉等固定连接吊筋，主龙骨固定于吊筋上，次龙骨再固定在主龙骨上，再将面层板钉接或格置在龙骨上，龙骨分为木质和金属龙骨。内容依据材料可以分为：木制顶棚、石膏板顶棚、矿棉纤维板和玻璃纤维板顶棚、金属板顶棚的装饰构造。

1.木质顶棚

木质顶棚是指饰面板采用实木条板和各种人造木板(如胶合板、木丝板、刨花板、填芯板等)的顶棚。适合面积较小、造型复杂的空间，其构造简单，施工方便，具有自然、亲切、温暖、舒适的感觉。但是它的防火性能差，所以应用范围受到一定限制。目前，实木顶棚仅用于桑拿房、住宅空间和少数有特殊要求的房间。

木质顶棚构造方法：

（1）木顶棚的龙骨一般采用木质。实木顶棚的龙骨只需一层主龙骨垂直于条板，间距为500mm左右，吊杆间距约1m左右，靠边主龙骨离墙间距不大于200mm。人造木板顶棚的龙骨常布置成格子状，分格大小应与板材规格相协调。龙骨间距一般为450mm左右。

（2）实木顶棚的饰面条板的常用规格为90mm宽，1.5~6m长，成品

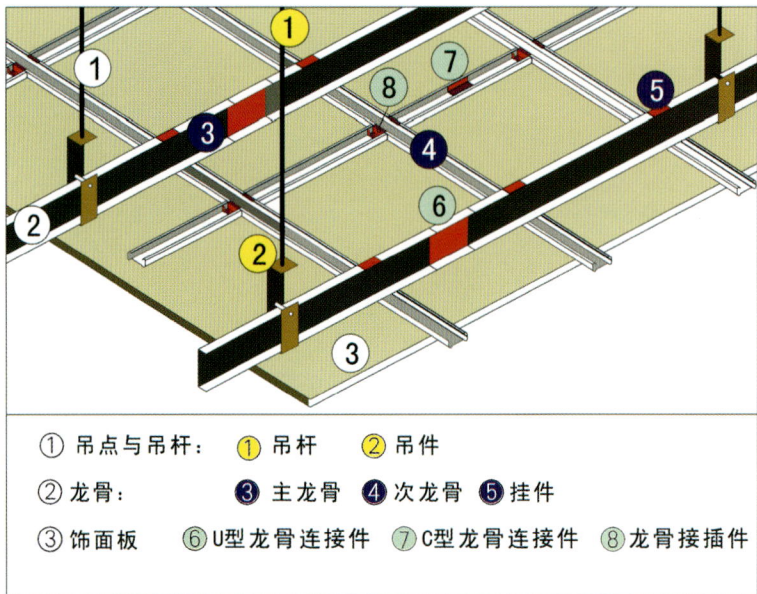

① 吊点与吊杆： ① 吊杆 ② 吊件
② 龙骨： ③ 主龙骨 ④ 次龙骨 ⑤ 挂件
③ 饰面板 ⑥ U型龙骨连接件 ⑦ C型龙骨连接件 ⑧ 龙骨接插件

图4-5 悬吊顶棚分层构造

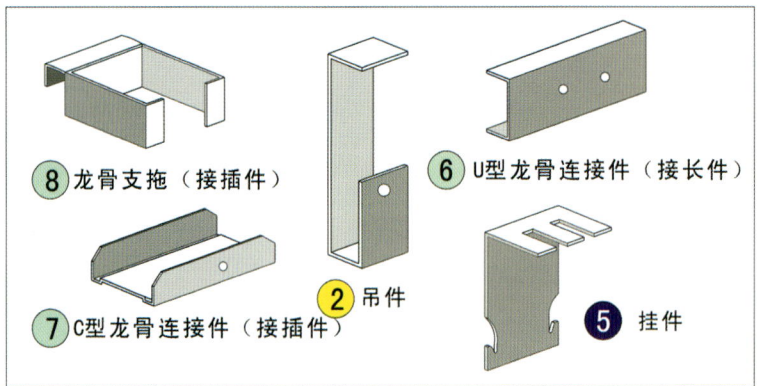

⑧ 龙骨支拖（接插件）　⑥ U型龙骨连接件（接长件）
⑦ C型龙骨连接件（接插件）　② 吊件　⑤ 挂件

图4-6 悬吊龙骨配件

有光边、企口和双面槽缝等种类，条板的结合形式通常有企口平铺、离缝平铺、嵌榫平铺和鱼鳞斜铺等多种形式。

人造木板顶棚板材的铺设是较厚的胶合板(包括填芯板)可直接整张铺钉在龙骨上；较薄的板材宜分割成小块的条板、方板或异形板铺钉在龙骨上，以获得所需的装饰效果，避免凹凸变形（图4-7）。

2.纸面石膏板顶棚

纸面石膏板是以建筑石膏为主要原料，掺入适量外加剂和纤维材料构成芯材，以特制的纸板作护面的装饰板材。主要用于建筑内隔墙及吊顶罩面的施工，这种板材具有较好的阻燃性能，还具有自重轻、强度高、防火阻燃性能好的特点，它可钉、可刨、可钻、可粘，易于加工。纸面石膏板表面平整度高、可粉涂、可油漆，可贴糊，是天棚吊顶最为广泛的材料之一。

按其用途分为普通、耐水、耐火三个品种（图4-8、图4-9）。

纸面石膏板顶棚构造方法：

纸面石膏板的龙骨可分为木龙骨和金属龙骨。金属龙骨主要采用轻钢龙骨方式，以冷轧钢板(带)为原料，经冲压成型后，用于组合轻钢龙骨墙体、吊顶骨架的配件称建筑用轻钢龙骨配件。

下面重点介绍C型龙骨纸面石膏板吊顶：

（1）吊顶龙骨架的安装

先用吊件安装主龙骨，再用挂件在主龙骨下吊挂次龙骨，挂件上端勾住主龙骨，下端挂住次龙骨。横撑龙骨从次龙骨上截取，用配套的挂插件一面插入横撑龙骨内把住横撑，另一面勾挂住次龙骨丁字相连，构成同一水平格栅。主龙骨中距为1000～1500mm，次龙骨格栅中距为600mm×600mm。

（2）纸面石膏板的安装

纸面石膏板广泛应用于以C型轻钢龙骨为覆面龙骨的室内封闭式吊顶罩面，铺钉和嵌缝是纸面石膏板安装

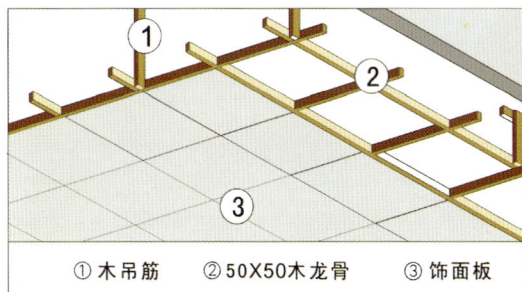

① 木吊筋　②50X50木龙骨　③ 饰面板

图4-7　木质顶棚分层构造

图4-8　石膏板顶棚

图4-9　石膏板顶棚

图4-10 轻钢龙骨顶棚构造

图4-11 轻钢龙骨与木制结合顶棚

图4-12 轻钢龙骨与木制结合顶棚

图4-13 轻钢龙骨与木制结合顶棚

的重要环节。顶板的长边(包封边)沿纵向龙骨铺设,自攻钉间距250mm,螺钉距板边距离10~15mm。铺钉顺序应从中间向四边进行操作,不得多点同时作业。螺钉帽注入板内1~2mm,钉帽刷防锈漆(图4-10~图4-14)。

3.矿棉纤维板和玻璃纤维板顶棚的装饰构造

矿棉纤维板和玻璃纤维板具有不燃、耐高温、吸声的性能,特别适合于有一定防火要求的顶棚,这类板材的厚度一般为20~30mm,形状多为方形或矩形,一般直接安装在金属龙骨上。采用T型轻钢龙骨做吊顶骨架的覆面龙骨,吊顶板的安装具有较大的灵活性,可以将饰面板平放搭装,也可以利用平板的棱边形式进行企口嵌装(图4-15)。

下面进行重点介绍T型龙骨矿棉纤维板吊顶:

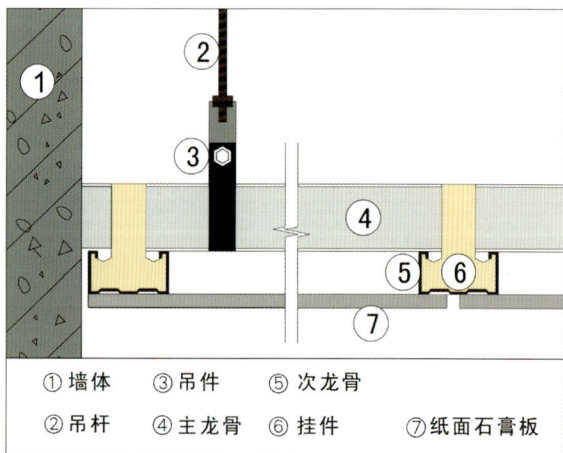

| ①墙体 | ③吊件 | ⑤次龙骨 |
| ②吊杆 | ④主龙骨 | ⑥挂件 | ⑦纸面石膏板 |

图4-14 轻钢龙骨石膏板顶棚分层

（1）平放搭装：将吊顶骨架安装就位，T型龙骨中距依吊顶板的规格尺寸而定，吊牢吊平。将顶板平格于龙骨框架内，依靠T型龙骨的肢翼支撑，用定位夹压稳。注意留出板材安装缝，每边缝隙在1mm以内（图4-16）。

（2）隐形嵌装：企口边矿棉板可以通过嵌装方式安装于T型金属龙骨上，形成暗装式吊顶镶板饰面效果，即板块嵌装后顶棚表面不露龙骨框格（或明露部分框格），T型龙骨的两翼被吊顶板的交接槽口所掩蔽（图4-17）。

这两种构造做法对于安装、调换饰面板材都比较方便，从而有利于顶棚上部空间的设备和管线的安置和维修。

三、金属板顶棚

金属板顶棚采用铝合金板、薄钢板等金属板材面层，铝合金板表面作电化铝饰面处理，薄钢板表面可用镀锌、涂塑、涂漆等防锈饰面处理。两类金属板都有打孔和不打孔的条形、矩形等形式的型材。金属板顶棚自重小，色泽美观大方，不仅具有独特的质感，而且平挺、线条刚劲而明快。顶棚的龙骨除是承重杆件外，还兼有卡具的作用。这种顶棚构造简单，安装方便，耐火，耐

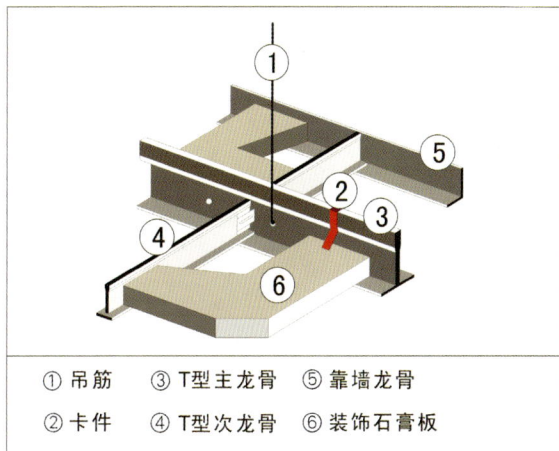

① 吊筋	③ T型主龙骨	⑤ 靠墙龙骨
② 卡件	④ T型次龙骨	⑥ 装饰石膏板

图4-16　矿棉板平放搭装构造

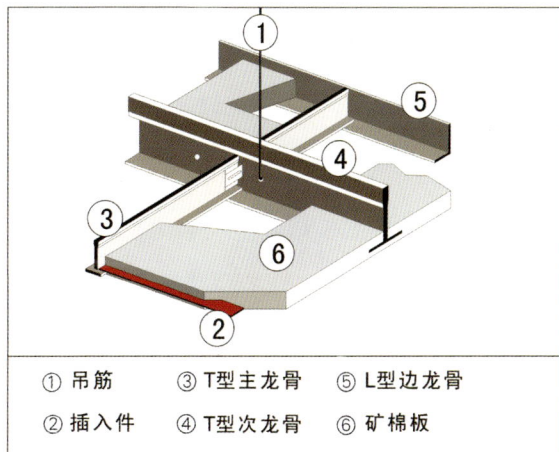

① 吊筋	③ T型主龙骨	⑤ L型边龙骨
② 插入件	④ T型次龙骨	⑥ 矿棉板

图4-17　矿棉板嵌装构造

图4-15　矿棉纤维板平顶棚

久，应用广泛。(图4-18、图4-19) 常用的金属板顶棚一般分为：金属条板顶棚、金属方形板顶棚。

1.金属条板顶棚

铝合金和薄钢板轧制而成的槽形条板，有窄条、宽条之分，根据条板类型的不同、顶棚龙骨布置方法的不同，可以有各式各样的变化丰富的效果，根据条板与条板相接处的板缝处理形式，可分为开放型条板顶棚和封闭型条板顶棚。开放型条板顶棚离缝间无填充物，便于

图4-20　金属条形板顶棚

图4-18　金属板顶棚

图4-19　金属板顶棚

图4-21　金属条形板顶棚

通风。也可上部另加矿棉或玻璃棉垫，作为吸声顶棚之用。还可用穿孔条板，以加强吸声效果。封闭型条板顶棚在离缝间可另加嵌缝条或条板单边有翼盖没有离缝（图4-20～图4-22）。

金属条板顶棚构造：

金属条形板的板条与龙骨均为配套产品，使用时

图 4-22 金属条形板顶棚

图 4-24 金属方形板

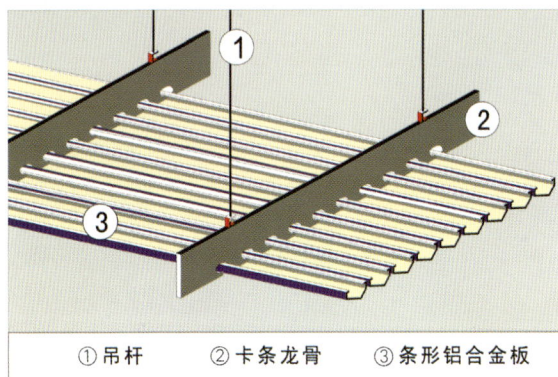
①吊杆　②卡条龙骨　③条形铝合金板

图 4-23 金属条形板组装构造

图 4-25 金属方形板

依据设计要求从众多产品类型中选择。但不论选择何种类型与型号，其构造方式一般为嵌卡式和钉固式（图4-23）。

2. 金属方形板顶棚

金属方形板顶棚，在装饰效果上别具一格，而且，在顶棚表面设置的灯具、风口、喇叭等易于与方板协调一致，使整个顶棚表面组成有机整体。近来集成顶棚将传统的顶棚拆分成不同的模块，以金属板顶棚为主，融合了照明、取暖、通风等功能模块，是一种新的组合方式。如果将方板吊顶与条板吊顶相结合，便可取得形状各异、组合灵活的效果（图4-24、图4-25）。

金属方形板顶棚构造：

金属方形吊顶板的常规做法有格置式和嵌入式两种构造形式。

（1）格置式：将方形板带翼格置于T型龙骨下部的翼板上，形成格子形离缝（图4-26）。

（2）嵌入式：卡入式的金属方板卷边向上，用与板材相配套的带夹簧的特制三角夹嵌龙骨，夹住方形配套板边凸起的卡口。在金属方板吊顶中，当四周靠墙边缘部分不符合方板的模数时，可以改用条板或纸面石膏板等材料处理（图4-27）。

四、镜面顶棚装饰构造

镜面顶棚采用镜面玻璃、镜面不锈钢片条饰面材料，使室内空间的上界面空透开阔，可产生一种扩大空间感，生动而富于变化，常用于商业、娱乐空间中（图4-28、图4-29）。

镜面顶棚的基本构造是将镜片通过专用胶粘剂贴在基层上，再用螺钉安装固定。为确保玻璃镜面顶棚的安

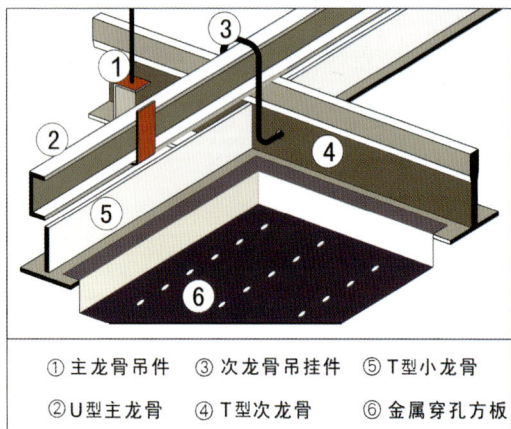

| ①主龙骨吊件 | ③吊耳 | ⑤金属穿孔方板 |
| ②U型主龙骨 | ④三角龙骨 | |

图4-27　金属方形板嵌入式构造

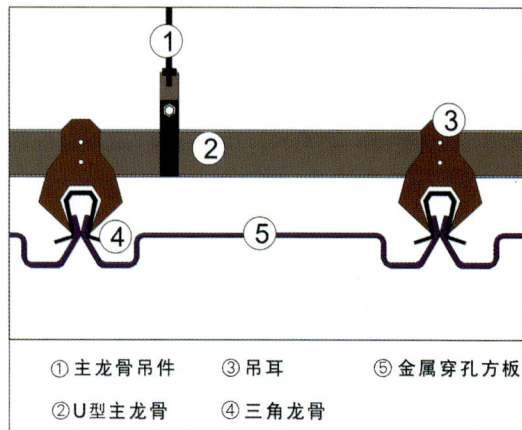

| ①主龙骨吊件 | ③次龙骨吊挂件 | ⑤T型小龙骨 |
| ②U型主龙骨 | ④T型次龙骨 | ⑥金属穿孔方板 |

图4-26　金属方形板格置式构造

图4-28
镜面顶棚

图4-29
镜面顶棚

全，应采用安全镜面玻璃。镜面顶棚的几种面板与龙骨连接的构造（图4-30）。

五、格栅类顶棚的装饰构造

格栅类顶棚是在藻井式顶棚的基础上，发展形成的一种独立的吊顶体系，其表面开敞，故又称为开敞式吊顶。另外，格栅类顶棚是通过一定的单体构件组合而成的，可表现出一定的韵律感，具有既遮又透的感觉，减少了吊顶的压抑感。格栅类顶棚的上部空间处理，对于装饰效果影响很大，因为吊顶是敞口的，上部空间的设备、管道及结构情况，往往是暴露的，影响视觉效果，目前比较常用的办法是用灯光的反射，使其上部发暗，空间内的设备、管道变得模糊，用明亮的地面来吸引人的注意力。也可将顶板的混凝土及设备管道刷上一层灰暗的色彩，借以模糊人的视线（图4-31～图4-33）。组成顶棚的单体构件，从制作材料的角度来看，木制格栅构件、金属格栅构件最为常见。

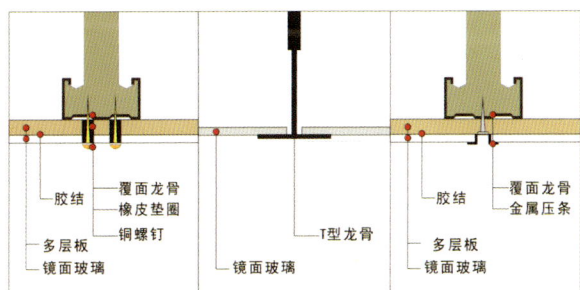

图4-31　格栅式顶棚

图4-32　格栅式顶棚

图4-30　镜面顶棚的面板与龙骨连接

图4-33　格栅式顶棚

格栅类顶棚的构造方法：

（1）一种是单体构件固定在可靠的骨架上，然后再将骨架用吊杆与结构相连，这种方法一般适用于构件自身刚度不够，稳定性差的情况（图4-34）。

（2）另一种方法是对于用轻质、高强材料制成的单体构件，不用骨架支持，而直接用吊杆与结构相连，这种预拼装的标准构件的安装要比其他类型的吊顶简单，而且集骨架和装饰于一身。在实际工程中，为了减少吊杆的数量，通常采用了一种变通的方式，即先将单体构件连成整体，再通过通长的钢管与吊杆相连，这样做，不仅使施工更为简便一些，而且可以节约大量的吊顶材料。

六、软膜顶棚装饰构造

软膜顶棚在19世起创于瑞士，后经法国人Farmland Scherrer于1967年继续研究完善并成功推广到欧洲及美洲国家的天花市场，1995年初进入中国市场，以下称为软膜天花。由于软膜天花材料能配合设计师设想创造出不同的平面和立体的形状，并有多种颜色和面料可以选择，软膜天花目前已日趋成为异形吊顶材料的首选材料，为设计提供了自由发挥的空间。目前国内已有一些企业引进此项生产工艺和安装技术，其工艺和质量也已日趋完善（图4-35~图4-37）。

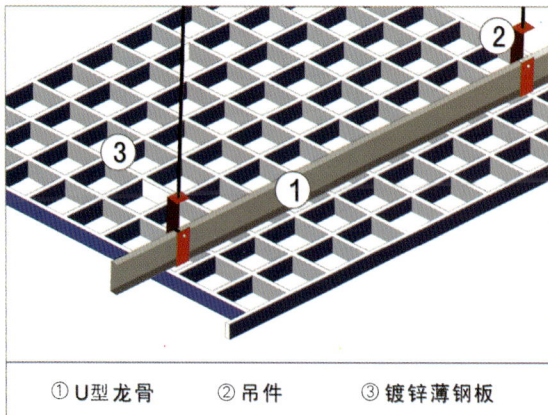

图4-35 软膜顶棚

图4-36 软膜顶棚

①U型龙骨　②吊件　③镀锌薄钢板

图4-34 格栅式顶棚构造

图4-37 软膜顶棚

1.软膜材料的特点

（1）强大的造型功能：突破传统天花的造型模式，软膜材料改变小块拼装的局限性，可通过高频焊接大块使用，具有完美的整体效果。

（2）造型随意多样：软膜材料可根据龙骨的弯曲形状确定天花的整体造型，能制成多种平面和立体的形状，使装饰效果更加丰富。

（3）色彩多样：软膜材料有多种颜色和面料选择，并且还可喷涂所需的图案，适用于各种场所。

（4）完美的环境光：软膜材料不但品种的质感、丰富的颜色，还有透光的面料，能有机地同各种灯光系统（如霓虹灯、荧光灯）结合，在封闭的空间内透光率为75%，能产生出更完美、更独特的光环境效果。

（5）理想的声学效果：软膜材料经有关专业院校的相关检测，软膜天花对中、低频声有良好的吸声效果；冲孔面料对高频声有良好的吸收作用，完全能满足音乐厅、会议室等空间的使用，符合国家标准。

（6）节能功能：软膜材料是用聚氯乙烯材料做成，拥有卓越的热绝缘功能，能大量减低室内温度的波动，尤其是经常需要开启空调的地方，从而有效减少能源消耗。

（7）防火级别：软膜材料防火级别为B1级，遇到明火后只会自身熔穿，并且于数秒钟之内自行收缩，直到离开火源，不会释放出有毒气体或溶液伤及人体和财物，符合国家防火规范标准。

（8）防水功能：软膜天花是用经过特殊处理的聚氯乙烯材料制成，能承托200kg以上的水而不会渗漏和损坏，并且待水清除完毕后，软膜仍完好如新。软膜材料表面经过防雾化处理，不会因为环境潮湿而产生凝结水。

（9）方便安装和拆卸：软膜天花可直接安装在墙壁、木方、钢结构、石膏间墙和木间墙上，适合于各种建筑结构。龙骨只需用螺钉按照一定的间距均匀固定即可，

安装十分方便。在整个安装过程中，不会有溶剂挥发，不落尘，不会对室内的其他结构产生影响，甚至可以在正常的生产和生活过程中进行安装。在相同面积下，安装和拆卸时间只相当于传统天花的1/3。

（10）安全环保：软膜天花用最先进的环保无毒配方制造，不含镉、乙醇等有害物质，使用期间无有毒物质释放，可100%回收。完全符合当今社会的环保主题。

2.软膜顶棚构造方法

软膜天花由软膜、边扣条、特制龙骨组成。其中龙骨采用铝合金挤压成型，作用是扣住天花软膜；而边扣条和软膜是采用聚氯乙烯材料制成。因为传统天花易变形，且不防水，一旦被水浸后就会有永久性的水渍，在色彩和造型上也很单一。软膜天花从各方面弥补了传统天花的不足，其优越性是无可挑剔的。

（1）龙骨。采用铝合金挤压成型，其防火级别为A级。作用是扣住天花软膜，有扁码、F码、双扣码、明码等四种型号，适用于不同的造型。

①扁码可以横向弯曲，适用于圆形、弧墙、包柱等特殊造型，以及各种平面造型，尤其适合沿墙安装。

②F码可以完成纵向弯曲，能做波浪形、弧形、穹形、喇叭形等造型，并且适用于各种平面、斜面造型，用途极为广泛。

③双扣码主要做软膜和软膜之间的连接，可以纵向弯曲，能做波浪形、弧形、穹形、喇叭形等造型，并且适合各种平面、斜面造型。

④明码不可以弯曲，特点是没有其他龙骨的接缝，主要适用于各种平面。

异形：需要底架固定龙骨，将底架做成设计上要求的造型，底架可以是木方或钢结构。与龙骨接触的一面必须光滑、平整。底架材料的宽度以相应的龙骨宽度为准。

（2）扣边条。半硬质，用聚氯乙烯挤压成型。其防火级别为B1级。被焊接在天花软膜的四周边缘，便于天

花软膜扣在专用龙骨上。

（3）软膜。软膜采用特殊的聚氯乙烯材料制成，分为六种类型即光面、缎光面、透雉面、基本膜、绒面、金属面和冲孔面。软膜为度身定做产品，厚度为0.15mm，通过一次或多次切割成型，并用高频焊接完成，它需要在实地测量出天花尺寸后，在工厂里制作完成（图4-38）。

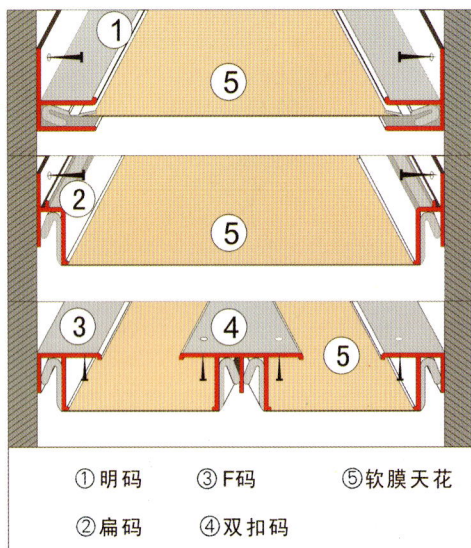

| ①明码 | ③F码 | ⑤软膜天花 |
| ②扁码 | ④双扣码 | |

图4-38　软膜顶棚构造

第五章　室内装饰构造设计实例

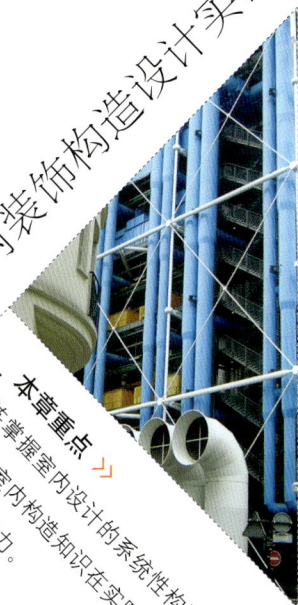

本章重点 》

熟练掌握室内设计的系统性构造意识，能够将室内构造知识在实际操作中转化成设计的能力。

学习目标 》

室内各部位常用的材料与构造方法。了解并熟练掌握其绘制方法及现场的实际运用。

建议学时 》

26学时。

第五章　室内装饰构造设计实例

室内装饰构造是一门系统性、实践性很强的课程。本教材把建筑装饰的三大界面的主要构造作为学习的理论基础进行介绍，其他常用构造方法穿插在案例介绍中。并通过案例介绍把装饰构造与施工图绘制、施工过程作为整体进行整合，希望学生能够理论联系实际，把装饰构造融入设计过程中，学会以一种整体的思路进行设计和学习。

第一节 //// 项目概念设计与协调

当设计经过系统的调查分析，有了明确的设计概念后，与各专业的协调工作就必须马上进入设计者的思维，并应迅速融入整个系统设计中去。在图面作业的程序中，与各种相关专业的协调多体现于方案图和施工图，这在以表现为主的具体的制图绘制程序中是合理的。但在项目实施程序中及早与各相关专业协调，则对设计概念的实施具有重要意义。也就是说一旦设计概念与构造设备发生矛盾，就必须通过协调解决，其结果无非是三种：构造设备为设计概念让路；放弃已有设计概念另辟新路；在大原则不变的情况下双方做小的修改。因此，项目概念设计与专业协调是一个成功室内设计必不可少的关键程序（图5-1）。

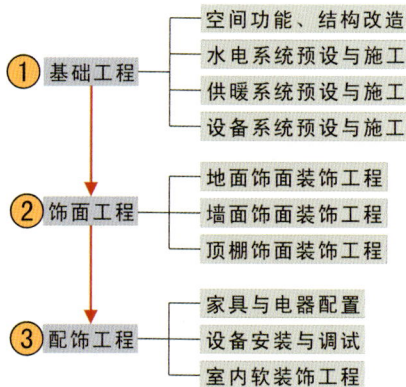

图5-1　建筑装饰系统分类

第二节 //// 施工图设计与深化

从室内设计的技术角度出发，方案的最终确定还是要经过一个初步设计的阶段，这就是在甲方确定了方案的基本概念之后，进行的室内空间形象与环境系统整合的设计过程。在这个阶段，设计者主要是通过室内空间的剖面与立面技术分析，来完善设计方案的全部内容。

经过初步设计阶段的反复推敲，当设计方案完全确定下来以后，准确无误地实施就主要依靠于施工图阶段的深化设计，装饰构造设计在其中占有重要的作用。施工图设计需要把握的重点主要表现在以下四个方面：

(1)不同材料类型的使用特征：设计者不可能做无米之炊，装修材料如同画家手中的颜料，切实掌握材料的特性、规格尺寸、最佳表现方式。

(2)材料连接方式的构造特征：装修界面的艺术表现与材料构造的连接方式有着必然的联系，可以充分利用构造特征来表达预想的设计意图。

(3)环境系统设备与空间构图的有机结合：环境系统

专业系统	协调要点	与之协调的工种
建筑系统	1.建筑室内空间的功能要求(涉及空间大小、空间序列以及人流交通组织等) 2.空间形体的修正与完善 3.空间气氛与意境的创造 4.与建筑艺术风格的总体协调	建筑
结构系统	1.室内墙面及顶棚中外露结构部件的利用 2.吊顶标高与结构标高(设备层净高)的关系 3.室内悬挂物与结构构件固定的方式 4.墙面开洞处承重结构的可能性分析	结构
照明系统	1.室内顶棚设计与灯具布置、照明要求的关系 2.室内墙面设计与灯具布置、照明方式的关系 3.室内墙面设计与配电箱的布置 4.室内地面设计与脚灯的布置	电气
空调系统	1.室内顶棚设计与空调送风口的布置 2.室内墙面设计与空调回风口的布置 3.室内陈设与各类独立设置的空调设备的关系 4.出入口装修设计与冷风幕设备布置的关系	设备 (暖通)
供暖系统	1.室内墙面设计与水暖设备的布置 2.室内顶棚设计与供热风系统的布置 3.出入口装修设计与热风幕的布置	设备 (暖通)
给排水系统	1.卫生间设计与各类卫生洁具的布置与选型 2.室内喷水池瀑布设计与循环水系统的设置	设备 (给水排水)
消防系统	1.室内顶棚设计与烟感报警器的布置 2.室内顶棚设计与喷淋头、水幕的布置 3.室内墙面设计与消火栓箱布置的关系 4.起装饰部件作用的轻便灭火器的选用与布置	设备 (给水排水)
交通系统	1.室内墙面设计与电梯门洞的装修处理 2.室内地面及墙面设计与自动步道的装修处理 3.室内墙面设计与自动扶梯的装修处理 4.室内坡道等无障碍设施的装修处理	建筑电气
广播电视系统	1.室内顶棚设计与扬声器的布置 2.室内闭路电视和各种信息播放系统的布置方式(悬、吊、靠墙或独立放置)的确定	电气
标志广告系统	1.室内空间中标志或标志灯箱的造型与布置 2.室内空间中广告或广告灯箱、广告物件的造型与布置	建筑电气
陈设艺术系统	1.家具、地毯的使用功能配置,造型、风格、样式的确定 2.室内绿化的配置方式的品种确定,日常管理方式 3.室内特殊音响效果、气味效果等的设置方式 4.室内环境艺术作品(绘画、壁饰、雕塑、摄影等艺术作品)的选用和布置 5.其他室内物件(公共电话罩、污物筒、烟具、茶具等)的配置	相对独立,可由室内设计专业独立构思或挑选艺术品,委托艺术家创作配套作品

设备部件如灯具样式、空调风口、暖气造型、管道走向等，如何成为空间界面构图的有机整体。

(4)界面与材料过渡的处理方式：人的视觉注视焦点

第三节 ///// 装饰构造案例分析

当我们了解了装饰构造与方案设计、表现与施工的一般关系后，接下来将通过一个居住空间的现场过程性照片，对一些常用构造及新材料的构造，按照施工的一般程序进行详细介绍。建筑装饰施工过程大体上可以分为：基础工程、饰面工程、配饰工程。

一、该方案的设计原则

(1) 本方案是一个三层跃式复合结构，空间形式丰富，下沉式客厅，客厅上方为挑空。为充分利用空间，满足住宅的使用功能的多样性，对挑空的空间进行封闭，建立隔层增加实际使用面积。

(2) 在设计选材和施工中，尽量采用构件式构造方式，如天窗、门、楼梯等以批量化生产的产品为主，减少、避免油漆喷涂等污染大的制作方式。

(3) 利用现代高科技产品和新的构造方法，如软膜天花、硅藻泥墙面产品等，以绿色环保为主要设计思想。

二、基础工程

基础工程是在进行建筑内外表面装饰前，依据方案设计总体要求对建筑空间的二次改造，对水、电、供暖等系统的管线进行预设的施工。

1.面砖的构造与施工

本章节把地、墙面砖统称为面砖。施工程序：处理基层→弹线→瓷砖浸水湿润→摊铺水泥砂浆→安装标准块→铺贴面砖→勾缝→清洁→养护。

(1) 面砖构造与墙体结构，与水、电等预敷工程密切相关，在进行构造设计和施工前，应考虑其系统关联，如插座、洁具用品的位置，并注意调整给排水的位置和管件保护，及对完成后的饰面层与基层的高度尺寸做到心中有数（图5-2、图5-3）。

(2) 管线改动后构造，为满足设计标高，要对地面进行回填（图5-4、图5-5）。

(3) 基层处理中，卫生间要做防水处理。按规范卫生间淋浴墙面刷防水层不低于1.8m，地面往上刷到300mm（图5-6）。

(4) 室外基层处理将基层凿毛，凿毛深度5~10mm，凿毛痕的间距为30mm左右，之后，清净浮灰、砂浆、油渍（图5-7）。

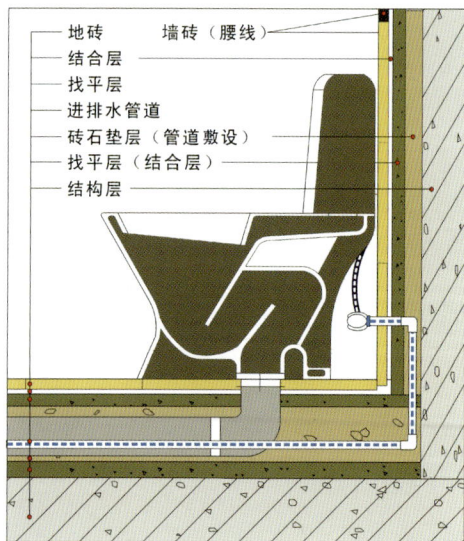

图5-2 墙面、地面与洁具构造关系

图 5-3

图 5-4

图 5-5

图 5-6

图 5-7

（5）做好防水层后，做防水闭水试验，放水时间最少24小时（图5-8、图5-9）。

（6）为防止板块过快吸收砂浆结合层中的水分而降低黏结质量，铺贴面砖前应先将面砖浸泡阴干(图5-10)。

铺贴前应弹好线，在地面弹出与门道口成直角的基准线，弹线应从门口开始，以保证进口处为整砖，非整砖置于阴角或家具下面，弹线应弹出纵横定位控制线（图5-11）。

图5-8

图5-10

图5-9

图5-11

（7）铺贴时，水泥砂浆应饱满地抹在陶瓷地面砖背面，铺贴后用橡皮锤敲实。要使用的材料应花色规格一致，边角无损伤，表面平整完好，才符合施工要求。同时，用水平尺检查校正，擦净表面水泥砂浆（图5-12）。

（8）陶瓷锦砖（马赛克砖）用水泥就可以，但铺装建议用勾缝剂。因为马赛克的密度比较高，吸水率低，水泥的黏合效果没有勾缝剂好，铺装后无法保证马赛克的牢固性，并对平整性和接缝的把握需要一定技巧（图5-13）。铺贴完2-3小时后，用白水泥擦缝，用水泥、沙子＝1：1(体积比)的水泥砂浆，或者使用勾缝剂。缝要填充密实，平整光滑，再用棉丝将表面擦净（图5-14、图5-15）。

2.隔层的构造与施工

隔层通常有两种做法：一种是现浇板，一种是钢木结构。钢木结构对于小跨度的隔层施工比较常用，构造与施工方法如下（图5-16）：

图5-12

图5-15

图5-13　　　　　图5-14

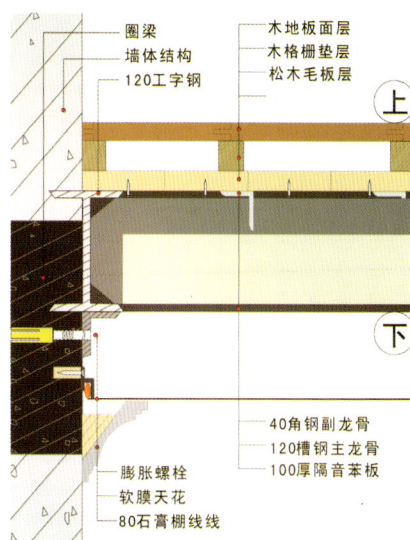

图5-16　隔层构造关系

（1）施工前，为满足施工需要，及保证工程质量和提高工效，要搭建脚手架。为组织快速施工提供工作平台，以确保施工人员的人身安全。脚手架要有足够的牢固性和稳定性，保证在施工期间对所规定的荷载或在气候条件的影响下不变形、不摇晃、不倾斜，能确保有足够的面积满足堆料、运输、操作和行走的要求（图5-17、图5-18）。

（2）一般情况下，对于材料的选用，以槽钢、工字钢、角钢为主。通常小空间隔层用槽钢即可，但用工字钢的抗弯强度会更高，当然造价也相对较高。钢木结构搭建的优点是工期短，即搭即用。缺点是槽钢做的隔层当人在上面走动时，会有一定的晃动声，槽钢规格越小，晃动声越大（图5-19）。

图5-18

图5-17

图5-19

（3）该房屋在高度2500mm左右的位置有一道圈梁，做钢结构时，靠墙用工字钢和梁体用膨胀螺栓固定。采用国标钢材，用12号槽钢为主钢，主钢与主钢之间需用槽钢焊接加固。

（4）钢结构设计需要请专业人士，计算建筑荷载和结构自重等关系，在设计规范和安全前提下，可灵活处理，如结构下方增加角钢立柱，立柱与地面连接处，加300mm×300mm钢板加固以分散荷载（图5-20～图5-22）。

图 5-20

图 5-21

图 5-22

（5）钢结构焊接完毕，面层涂刷防锈漆保护。隔层的上部用25mm厚的松木板铺设，在强度和环保上优越于木工板。松木板与钢结构之间要使用专用的钢螺丝连接，使用自攻螺丝会造成日后松动产生异响（图5-23、图5-24）。

（6）隔层基层和结构层制作完成后，隔层上部为二楼地面，饰面采用木龙骨实木地板实铺，下部为一楼天花，利用苯板隔声材料处理后，进行石膏板吊顶等天花处理。本方案采用软膜天花，在以后的章节重点介绍（图5-25、图5-26）。

图 5-23

图 5-24

图 5-25

图 5-26

3.斜屋顶天窗的构造与施工

斜屋顶天窗的安装增加了阁楼的采光和空气流通。天窗经特殊防腐、防白蚁、防脱脂、防干燥的工艺处理而成，木材全部经过了防蛀防腐涂层处理。木质表面纹理优美，颜色均匀，有着良好的耐久性和抗压性，保证了窗框和窗扇持久不变形，并采用双层中空玻璃。优点是采光性好、隔热保温、斜屋顶天窗采用上旋开启方式，便于气流回旋进入室内。斜屋顶天窗的安装对抗风力、防渗漏、气密性等方面有很强的专业要求，必须请经验丰富的专业技师来操作（图5-27）。斜屋顶天窗上部和中间两道铰链，使窗户能够轻松实现中悬和上悬两种开启方式，上悬时在0°～30°间任意开启，中悬时能够最大限度翻转180°。其构造和施工方法如下：

（1）首先制作模板用水泥砂浆找平预留洞口，洞口尺寸以产品规格为依据，养护至安装标准（图5-28）。

（2）现场安装：打开包装组合天窗配件，分为窗框、窗扇。窗框用膨胀螺栓固定。天窗在屋面的位置必须是平行或者高出屋面的（图5-29～图5-32）。

图5-28　　　　　　　图5-29

图5-30

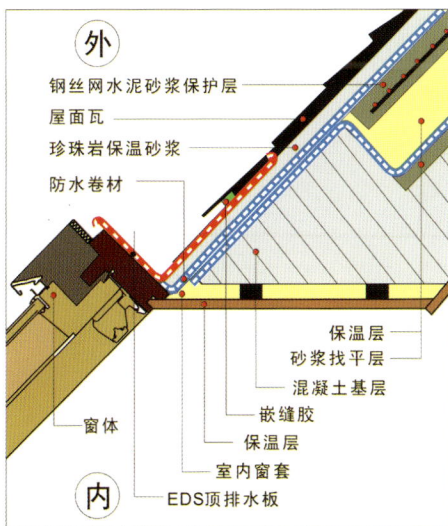

图5-27　天窗内外构造关系

外
钢丝网水泥砂浆保护层
屋面瓦
珍珠岩保温砂浆
防水卷材
保温层
砂浆找平层
混凝土基层
嵌缝胶
保温层
室内窗套
EDS顶排水板
窗体
内

图5-31　　　　　　　图5-32

（3）天窗中间组合铰链，主要作用在于使窗扇既能够上悬，又能够中悬。该铰链防锈铝合金压铸合成，铰链硬度提高，承重力强，耐腐蚀，经久耐用（图5-33）。

（4）与窗体和排水板直接连接的底座部分，则是为了窗体在中悬时能够灵活翻转，并同时带动两部分排水板随窗体运动至（图5-34）。

（5）关于防水，屋顶天窗设计有两道防水，第一道防水设防为3mm厚的SBS防水卷材，防水卷材将窗整个包起来后与屋面防水沥青热熔焊接在一起。第二道为涂有防氧化涂层的铝合金排水板，该排水板与屋面瓦紧密搭接，配合密封胶套使用，水密性很好（图5-35～图5-38）。

图 5-33

图 5-34

图 5-35

图 5-36

图 5-37

图 5-38

（6）天窗安装完毕后，对室内进行面层处理，如进行乳胶漆涂刷（图5-39、图5-40）。

三、饰面工程

1.墙面木制作构造与施工

墙面木制作是建筑装饰中常见的构造方式，用途及范围广泛。本例是电视背景墙的立面装饰。基本制作构造为木工板作为基层，表面铺装纸面石膏板，内藏灯光。处理墙面→弹线→制作木骨架→固定木骨架→安装饰面板（图5-41）。

图5-39

图5-40

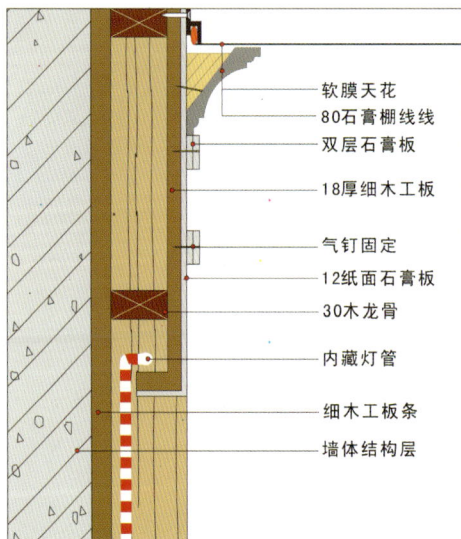

软膜天花
80石膏棚线线
双层石膏板

18厚细木工板

气钉固定

12纸面石膏板

30木龙骨

内藏灯管

细木工板条

墙体结构层

图5-41　木制作构造关系

（1）用18mm细木工板条作龙骨，按照设计尺寸比例用钢钉固定，衬板用细木工板按造型要求与基层结构固定（图5-42～图5-44）。

（2）内藏灯位置确定后，串线至预定位置，电线串管进行保护。基础框架完成后，使用9mm厚纸面石膏板，采用钉固法，螺钉与板边距离不小于15mm，钉头嵌入石膏板深度以0.5～1mm为标准（图5-45～图5-47）。

图5-42

图5-43

图5-44

图5-45

图5-46

图5-47

（3）石膏板表面要平整，洁净无破损，不露钉帽，钉帽刷防锈漆，并用泥子抹平，安装双层石膏板时，面层板与基层板的接缝应错开，不得接缝在同一龙骨上，石膏板与龙骨固定，应从一块板中间向四边固定，不得多点同时作业（图5-48、图5-49）。

2. 楼梯的构造与施工

楼梯设计的倾斜角度一般由层高和周围空间的大小来决定的，一般在30°左右较为合适。室外楼梯的斜度要求比较平坦。楼梯踏板的规格包括踏板和立板的规格，一般踏板宽，立板低的踏步比较符合人体工学。室内楼梯的踏板最佳宽度为280mm左右，而不小于240mm。立板的最佳高度应不高于200mm。室内楼梯的宽度一般不小于为900mm。本方案的楼梯设计以空间现有条件为基础，考虑空间的通透性，因此以钢木结构为主，保留结构的原始形态，减少装饰性的叠加（图5-50）。

图5-49

图5-48

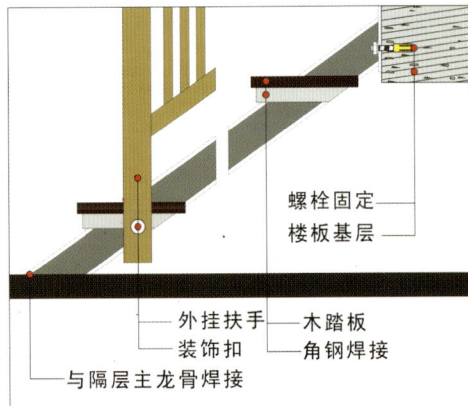

螺栓固定
楼板基层
外挂扶手　木踏板
装饰扣　角钢焊接
与隔层主龙骨焊接

图5-50　钢木楼梯构造关系

（1）依据现场条件和尺寸设计钢木楼梯，主要材料为槽钢、角钢、木踏板。首先测量楼梯斜度，依尺寸下料（图5-51、图5-52）。

（2）槽钢上部与三层楼板钢筋混凝土预埋件焊接，下部与隔层钢结构主钢焊接（图5-53）。

图5-51

图5-52

图5-53

（3）按照人体工程学设计踏步高度和宽度，考虑木踏板材质和尺寸关系，踏板骨架用角钢焊接（图5-54～图5-56）。

图 5-54

图 5-55

图 5-56

（4）踏板制作选用25mm厚水曲木集成材，依据楼梯形状尺寸制作，油漆喷涂由专业木器厂喷淋后，成品安装（图5-57～图5-59）。

图 5-57

图 5-58

图 5-59

（5）焊接完成表面涂刷防锈漆，处理基层后喷涂白色氟碳漆（图5-60～图5-62）。

（6）踏步安装后，围栏和栏杆定制，设计师负责选型和提供尺寸，再由专业厂家进行安装（图5-63～图5-65）。

图5-60

图5-61

图5-62

图5-63

图5-64

图5-65

3. 墙面贴糊的构造与施工

硅藻泥是一种天然环保的墙壁饰面材料,硅藻泥可以吸附空气中的甲醛、苯、氨、硫化物等有害物质、还可以减少生活垃圾产生的空气异味,净化室内空气。硅藻泥的主要成分是质地轻软、多孔的蛋白石,它具有极强的物理吸附性能和离子交换性能,不但可以去除导致室内空气污染的有害物质,还具有调湿防霉、抗菌除臭、吸音防火、耐磨抗污等功能,随不同季节,或者早晚环境空气湿度的变化,硅藻泥墙壁能够不断地吸收或释放水分,自动调节室内空气湿度,使其相对稳定(图5-66)。

构造与施工方法如下:

(1) 对于空鼓或出现裂纹的基底须预先处理,使墙体平整、清洁(图5-67、图5-68)。

图 5-67

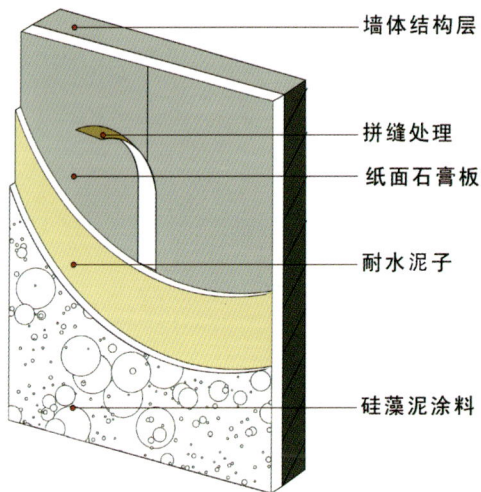

墙体结构层

拼缝处理

纸面石膏板

耐水泥子

硅藻泥涂料

图5-66　硅藻泥墙面构造关系

图 5-68

（2）硅藻泥具有良好的和易性和可塑性，传统工具、传统工法、全部手工操作，通过不同的匠艺处理，可以营造多种肌理效果，饰面淳厚自然，质感自然生动真实，具有很强的艺术效果（图5-69～图5-71）。

（3）基层处理后，保证基层阴阳角及线条横平竖直。该产品呈干粉状，施工时无须添加任何有机溶剂或化工胶类成分，只需要按照一定比例加入清水搅拌均匀，呈膏状，即可直接用于施工。在大容器内先倒9成清水，然后倒入盐湖硅藻泥粉体，用小型高速搅拌机或手工充分搅拌，搅拌时利用剩水（1成）调整。让混合物充分溶解、反应完全（图5-72）。

图5-69

图5-70

图5-71

图5-72

（4）用专用滚刷工具进行滚刷，要注意保持饰面厚度的均匀平整。该产品品种繁多，不同的肌理可以用在不同的位置。滚刷完工要注意保持表面清洁，防止污染（图5-73～图5-75）。

图5-73

图5-74

图5-75

4.墙面喷涂的构造与施工

乳胶漆是一种黏度很高的水性涂料。如用滚涂、刷涂或空气喷涂施工，其漆面效果很难令人满意。而在国外最流行的方式是采用高压无气喷涂机来施工。高压无气喷涂的原理是通过一增压泵（一般为柱塞泵），使涂料增压（高达210kg/cm² 甚至更高），获得高压的涂料通过高压管到特殊的高压枪，并从特殊的喷嘴释放压力并达到分散雾化的目的，高速地涂在被涂物上。由于涂料雾化不需压缩空气，所以称之为无空气喷涂。高压无气喷涂的优点如下：极佳的表面质量，喷涂在墙面的涂料形成平顺、致密的涂层，无刷痕，这是刷、滚无法比拟的。涂装效率高，延缓涂层的寿命，增强附厚度均匀，厚度在30微米左右，利用率高。因涂料喷雾不含空气，涂料易达到拐角和间隙的部位。其构造与乳胶漆涂刷一样，在这里作为一种工艺进行介绍（图5-76）。

（1）遮挡室内设施，过滤乳胶漆中的杂质，调配好浓度及颜色后，利用专用工具进行喷涂（图5-77～图5-80）。

图5-77

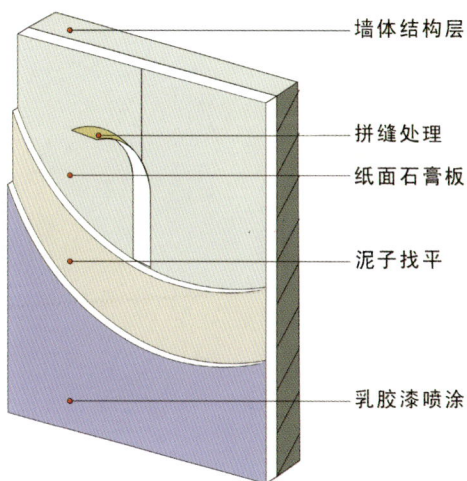

图5-78

图5-79

图5-80

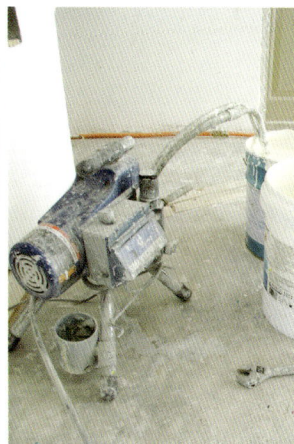

墙体结构层

拼缝处理

纸面石膏板

泥子找平

乳胶漆喷涂

图5-76　乳胶漆墙面构造关系

（2）喷涂过程中要注意拐角和间隙的位置，并要注意墙面的后期保护（图5-81~图5-84）。

图5-81   图5-82   图5-83   图5-84

5.地面复合地板的构造与施工

复合强化木地板的规格一般为8mm × 190mm × 1200mm。复合强化木地板只能悬浮铺装，不能将地板粘固或者钉在地面上。基层处理→铺塑料薄膜垫层→刮胶粘剂→拼接铺设→铺踢脚板（配套踢脚板）→整理完工。强化复合木地板与地面基层之间不需要胶粘或钉子固定，而是地板块之间用胶黏结成整体（图5-85）。

构造与施工如下：

（1）基层处理：地面必须干净、干燥、稳定、平整。在铺设前应将地面四周弹出垂直线，作为铺板的基准线，基准线距墙边8~10mm 。铺装前需要铺设一层防潮层作为垫层，例如聚乙烯薄膜、波纹纸等材料。不与地面黏结，铺设宽度应与面板相配合。底垫拼缝采用对接（不能搭接），留出2mm伸缩缝（图5-86~图5-88）。

（2）用小锤隔着垫木向里轻轻敲打，使两块板结合严密、平整。在对接口施胶(复合地板专用的防水胶)时必须保持从上方溢出，且榫槽结合密封，保证不让水分

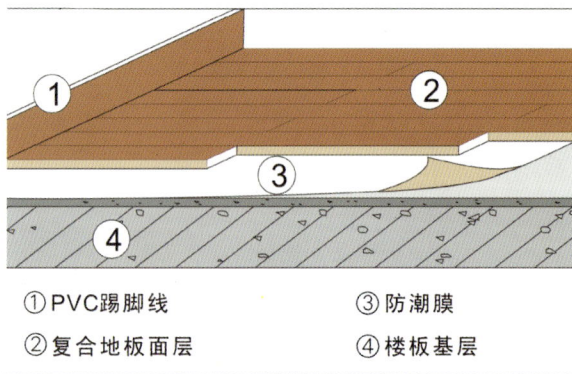

① PVC踢脚线   ③ 防潮膜
② 复合地板面层   ④ 楼板基层

图5-85

从地面浸入。板面余胶，用湿布及时清擦干净，保证板面没有胶痕。每铺完一排板，应拉线和用方尺进行检查，以保证铺板平直（图 5-89～图 5-91）。

图 5-86

图 5-87

图 5-88

图 5-89

图 5-90

图 5-91

（3）为保证地板在不同湿度条件下有足够的膨胀空间而不至于凸起，地板与墙面、立柱、家具等固定物体之间的距离必须保证大于或等于10mm（图5-92）。

（4）踢脚板，又名踢脚线、墙脚板，是用于室内地板装饰的配套线条，覆盖于地板与墙脚的缝隙上面，起到保护地板与装饰美观的作用。一般复合地板踢脚板采用PVC材质，也有与强化地板相同的热压工艺，具有防潮、阻燃的特点，配套安装扣条，易于安装拆卸、便于清洗（图5-93）。

6.天棚软膜天花的构造与施工

软膜天花是一种聚氯乙烯材料，它的特点是可以制作出一般材料难以实现的异形曲面造型，分为龙骨、边码和软膜三部分。龙骨与基层连接一般需要木制作辅助（图5-94）。

图5-93　复合地板踢脚线构造

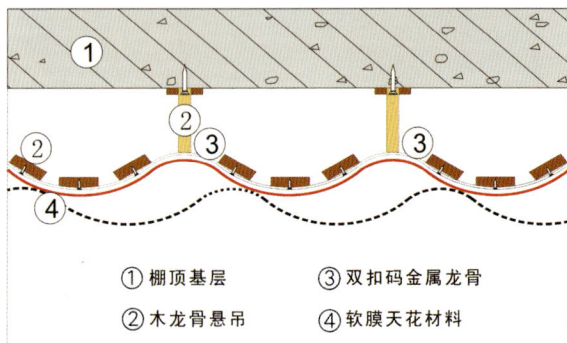

图5-92

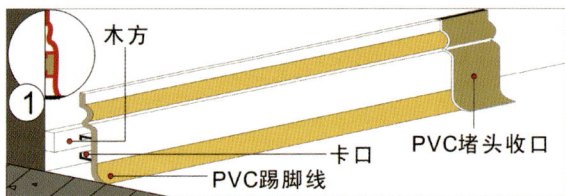

① 棚顶基层　　③ 双扣码金属龙骨
② 木龙骨悬吊　　④ 软膜天花材料

图5-94　软膜天花构造关系

其构造和施工方法如下：

（1）平面造型天花：先在棚顶用细木工板确立灯具位置，灯具位置一般用400mm×400mm细木工板固定找平。然后在安装软膜天花的水平高度位置四周围固定一圈40cm×40mm支撑龙骨(可以是木方或方钢管)，接着在支撑龙骨的底面固定安装软膜天花的铝合金龙骨，最后进行软膜安装（图5-95～图5-99）。

图5-95

图5-96

图5-97

图5-98

图5-99

（2）曲面造型天花：①按照图纸要求，在天棚基层制作木龙骨基础，利用细木工板和木方依据造型需要，确定高度和宽度基础。曲面造型的龙骨需要现场依尺寸制作，如波浪形，波高尺寸大于20cm，波距小于160cm，龙骨背面须按2cm宽度切割，按图纸要求压弯成规定弧度（图5-100～图5-102）。

②天花龙骨与木制作基础通过螺丝连接，按图纸要

图5-100

图5-101

图5-102

求定位。如龙骨摆动性大，则加支撑固定（图5-103、图5-104）。

③软膜安装，通过大型的风炮充分加热均匀使其膨胀，用专用安装插刀把软膜张紧嵌入并固定在铝制龙骨的槽内，依附龙骨的弧度形态进行安装（图5-105～图5-109）。

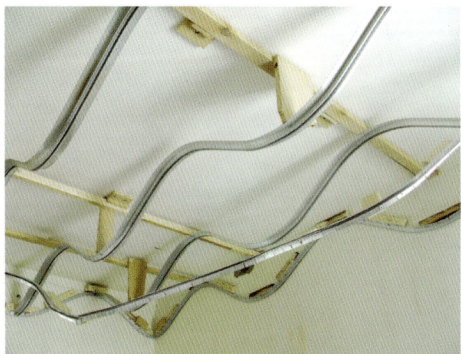

图5-103

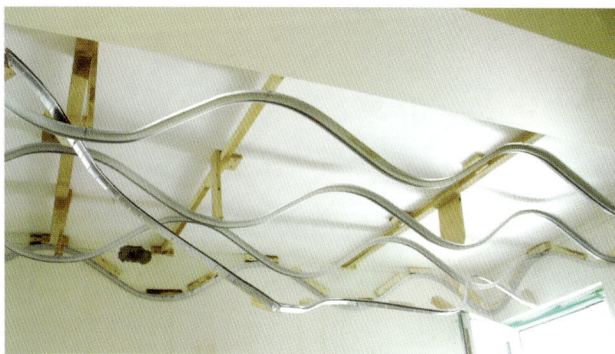

图5-104

图5-105

图5-106

图 5-107

图 5-108

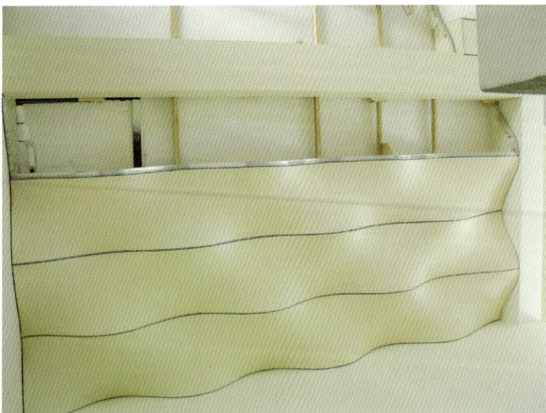

图 5-109

④当天花冷却后收缩成紧绷状态,安装完毕用干净毛巾把软膜天花清洁干净(图 5-110、图 5-111)。

图 5-110

图 5-111

四、配饰工程

1.预制成品实木门的构造与施工

预制成品实木门的优点：实现了建筑配件产品工厂化；减少了现场施工的交叉作业的工作量，有效地缩短了工期；减少了现场油漆施工对其他产品的污染；在工厂可以实现无尘车间油漆作业，确保了油漆的观感、手感质量。但是由于成品现场安装，门和门框配件不能刨、不能锯，安装过程中安装精度要求较高，对于预留门洞尺寸和平整度有较高要求。其构造与施工如下：

（1）与成品门厂家进行沟通，依据产品尺寸预留门洞口，包括墙体厚度、门洞的宽度与高度。

（2）组装门框时必须在光滑、干净、平整的地面上进行。先用4颗60mm长的螺丝钉把横框与两块竖框连接牢固。三块框档门口在同一平面上，顶框与边框连接成90°角，在边框两侧固定4~6片连接片，钉上锁脚木条和锁角木条，顶框盖在两边框的上面，两边框档门口之间的内宽度应比门扇宽度大7mm,顶框档门口与地面之间的内高度应比门扇高度高13mm（图5-112）。

（3）把组装牢固的门框整体放入门洞中，用吊线锤检查门框整体是否垂直，以连接片钉孔为点，确定墙体上的钉孔位置，用圆钉把连接片固定在墙体上，在已固定的门框与墙体缝隙镶入木条或注入发泡胶，使门框与墙体连接牢固密实（图5-113）。

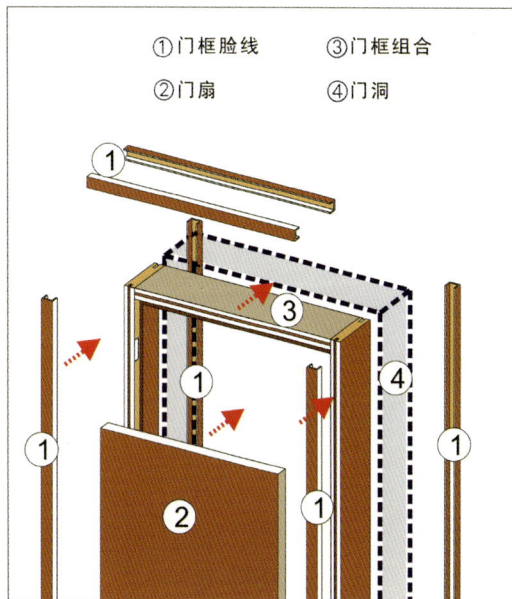

①门框脸线　　③门框组合
②门扇　　　　④门洞

图5-112　组装门构造关系1

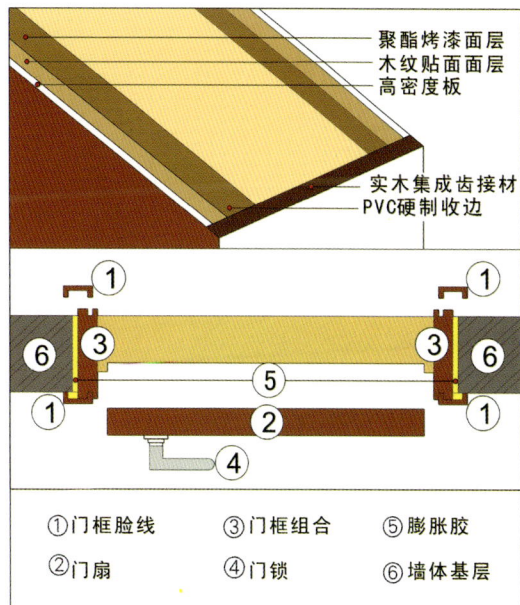

聚酯烤漆面层
木纹贴面面层
高密度板

实木集成齿接材
PVC硬制收边

| ①门框脸线 | ③门框组合 | ⑤膨胀胶 |
| ②门扇 | ④门锁 | ⑥墙体基层 |

图5-113　组装门构造关系2

(4)安装门扇合叶时，上下合叶先拧一枚螺丝钉，然后关门检查缝隙是否适合，检查档门口与门扇是否在同一平面上，不错位，门扇、门锁开关灵活，门扇四周缝隙合规一致，连接缝隙严密、牢固，装饰表面无损伤（图5-114）。

(5)确定门扇与门框安装准确后安装门脸线条，线条的安装可随墙体与门框的宽窄而定，线条两边可取出盖钉条，线条用钉固定后盖回去即可。最后安装门锁，全面检查，门扇是否灵活，留缝是否合规（图5-115）。

图5-114

图5-115

2.预制成品楼梯的构造与施工

一般情况，开发商已经提供了楼梯的基础结构，最好不要拆除重建，因为这种结构多是混凝土结构的，是最稳固的，走路时不会发出异响，非常适合家庭使用。在此楼梯结构上，选择合适风格的木制踏板、栏杆、扶手，选择楼梯厂家再根据要求定做（图5-116）。本章节主要介绍成品楼梯扶手的安装，其构造与施工如下：

(1)首先找位、定位与画线，安装扶手的固定件（立柱），确立立柱的位置、标高、坡度，找位校正后，弹出扶手纵向中心线。将楼梯立柱用膨胀螺栓固定于楼梯立面混凝土基层中，平面立柱与预埋件连接（图5-117～图5-122）。

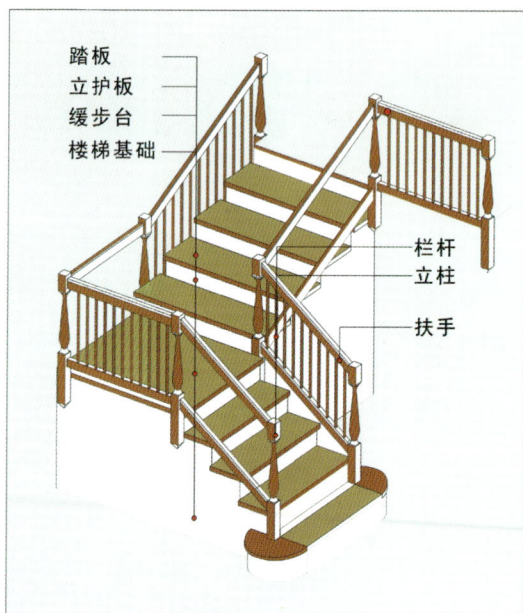

图5-116 楼梯部位构造关系

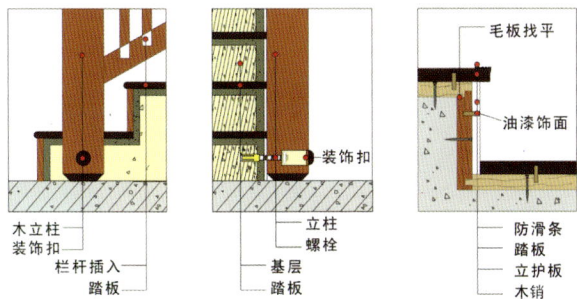

图 5-117　楼梯部位构造关系

图 5-118

图 5-119

图 5-120

图 5-121

图 5-122

（2）确定扶手数量与距离，在上下横梁按扶手树立角度、大小开孔，将扶手上下插入连接。当尺寸测量准确时，该过程可以在成品制作过程中完成，依据现场条件施工，优点是可以随时调整，但是，制作精度会略有偏差（图5-123～图5-126）。

图5-123

图5-124

图5-125

图5-126

（3）用橡皮锤轻轻敲击固定，固定扶手连接，注意保护成品楼梯的表面，避免划痕和污渍。整体调整固定，将连接好的栏杆和立柱依角度确定位置进行连接固定（图5-127～图5-130）。

图5-127

图5-128

图5-129

图5-130

（4）连接立柱结构是在预先开孔的部位用木螺丝内部固定，外用专用装饰扣覆盖。楼梯扶手的安装需要边测量边固定，是一项专业性比较强的工作（图5-131～图5-133）。

图 5-131

图 5-132

图 5-133

（5）楼梯扶手安装完毕，去掉表面的保护膜，进行清理养护。楼梯的安装一般分两步进行，第一步安装楼梯踏板，第二步在大型家具搬运完毕后，再进行扶手的安装（图5-134～图5-136）。

图 5-134

图 5-135

图 5-136

[复习参考题]

◎ 了解室内装饰构造的系统性原则，深入分析装饰构造与设计系统的关系。

◎ 考察施工现场或实际空间，分析某一特定场所的室内装饰构造两种。

◎ 考察建筑材料市场成品组装式门窗的构造的方法。

◎ 收集整理一种新材料的构造方法进行分析。

◎ 简述楼梯装饰构造组成，并设计一个钢木结构楼梯。

《室内装饰构造与实训》教学大纲

一、授课目的

1.本课程教学方向

本课程是艺术设计专业的一门专业基础课，主要内容是让学生掌握室内装饰构造设计原理，用设计的理念理解构造，用系统的理念运用构造，使室内装饰构造成为设计创新的手段之一，培养学生自我发展、自我更新的学习能力。

2.本课程欲解决的问题

本课程通过基础理论学习、实践学习、课题式设计等环节，以学习的过程融合原理；以系统性、关联性的思维，将构造设计与设计基础课程构成互有影响的整体；让学生在熟悉和掌握室内装饰构造基本原理和方法基础上，将构造知识转化成设计的基本能力。

二、重点

本专业基本知识的整合及与设计实施的过程性关联。

三、难点

设计思维统筹构造知识点，技能型向思维型的能力转化。

四、课程内容与学时（48学时）

1.第一部分：理论讲授（22学时）

（1）室内装饰构造概述；

（2）楼地面装饰构造；

（3）墙面装饰构造；

（4）顶棚装饰构造；

（5）其他装饰构造拓展。

目的：了解室内装饰构造的基本类型和原理，并能够在此基础上对构造设计有进一步学习的拓展能力。

要求：对室内装饰构造的基础知识能够熟练掌握，并举一反三，触类旁通。针对每项装饰构造有目的地进行资料收集和整理，能够熟识构造方法及绘制。

2.第二部分：构造设计调查与分析（6学时）

通过网络、书籍、现场的调查和研究，以文字、图形、照片、影像资料的形式分析构造设计在设计中的应用。重点研究地面、墙面、顶棚的装饰构造，对组装式构造设计有现场调查及了解，对新材料、新构造有敏锐的信息掌握能力。主要包括以下几项：

（1）某一空间的建筑三大界面的构造调查与分析；

（2）组装式构造的调查与分析；

（3）新材料的构造调查与应用。

目的：以各种方法整合装饰构造与设计的关系，学会以设计的思维分析构造的运用和实践。

要求：对室内装饰构造调查和分析要亲临现场，要有第一手的资料，要把理论部分与现场体会相结合，培养分析和评价的能力和意识。用设计表现方法，如模型、绘图等综合调查结果，以答辩、讨论的形式汇报学习过程。

3.第三部分：室内装饰构造设计实例（20学时）

通过授课形式为学生分析常用装饰构造，理解构造设计在整体设计中的地位和关系，采用虚拟课题和实际课题两种形式，以设计课题为主线，对特定空间场所重点部位进行装饰构造设计。对材料、工艺的选择、节点的控制和处理是这一部分的重点。主要包括：

（1）居住空间的构造设计；

（2）办公空间的构造设计；

（3）商业空间的构造设计。

目的：通过设计课题贯穿构造设计，使学生学会设计的系统性思维，学会以设计的理念进行构造设计。了解构造并不是孤立存在的，不同的设计理念选择不同的构造设计方法，同时注重安全、绿色环保，可持续发展的观念的引导。

要求：结合某种设计理念，对特定空间进行装饰构造设计。以设计报告的形式提交，包括设计理念的体现，材料与工艺的选择、准确的尺度、模型、图纸等主要方面。

五、授课方法

1.通过案例分析，讲授课题要求和目的。

2.范例展示、指导、观摩。

3.分组现场调查、讨论、答辩、展示学习成果

六、评价标准、方法

1.过程态度：资料查阅、分析和制作两个步骤要齐全、接受指导的次数及设计方案过程性解读是评价的重要依据（分值55%）。

2.作业完成度（分值40%）。

3.体会(分值5%)。

后记 >>

教育部文件《关于加强高职高专教育人才培养工作的意见》中指出："以'应用'为主旨和特征构建课程和教学内容体系；实践教学的主要目的是培养学生的技术应用能力……实践教学要改变过分依附理论教学的状况，探索建立相对独立的实践教学体系。""实践教学在教学计划中应占有较大比重，要及时吸收科学技术和社会发展的最新成果，要改革实验教学内容，减少演示性、验证性实验，增加工艺性、设计性、综合性实验，逐步形成基本实践能力与操作技能、专业技术应用能力与专业技能、综合实践能力与综合技能有机结合的实践教学体系。"

高职高专设计类课程体系的建立应该以综合职业能力为目标，提高实践性教学环节在整个教学环节中的比重，教学过程中强调动手和动脑相结合。由于设计的综合性与复杂性，在教学中应力求淡化专业基础课和专业课的界线，在培养实际能力基础上整合课程内容，增加新技术、新工艺的教学内容，强化技术向能力转化的学习过程，全面提高学生的基本素质和综合能力。

目前，室内设计专业的学生存在着重艺术、轻技术的问题。究其原因，一是该类教材的编写常常重视自身的系统性和完整性，却忽略了与设计系统的关联和设计实务的实践性环节。二是利用现有教材，授课方法和学习方法难以适应室内设计行业的发展。特别是对高职高专的实践能力的培养，没有有的放矢。因此，作为重要的工程技术课程之一的《室内装饰构造与实训》，在教材的编写中侧重突出以下几方面特征：

1. 注重构造原理与设计实务的结合。避免教学中空洞、抽象的理论传授，通过构造原理、构造图解与现场实景的结合，力求室内装饰构造的直观性、现场感，建立本门课程易操作、行之有效的学习框架。

2. 注重凝练构造基础知识点。由浅入深，突出易懂、易识、易记，减少削弱复杂、冗长的数据和物理特性，以够用、少而精为准则，不求知识点的多而全。以介绍室内装饰构造的基础知识为重心，让学生懂得融会贯通是学习的基本方法。

3. 注重强调课题的设置。以创新为主旨，以"干中学"作为教学的基本理念，以期真正实现学生在实践中的应用创新。

本教材由大连民族学院设计学院王英钰、张名孝和大连工业大学设计学院李禹共同编写。在编写过程中融入了作者关于教学的一些思考，希望能起到抛砖引玉的作用。编写时间仓促及限于编者水平，书中定有不妥之处，敬请专家、同仁和广大读者批评斧正。本教材参照了国内一些优秀的相关教材，在此向作者一并表示感谢。

作者

2009年6月

参考书目 >>

1.《大学摄影基础教程》彭国平等著　浙江摄影出版社

2.《电视摄影与编辑》高晓虹编著　北京广播学院出版社

3.《电脑图像与摄影应用》杨小军编著　中国摄影出版社

4.《中国摄影史1937-1949》本社编著　中国摄影出版社

5.《广告摄影技术教程》刘立宾编著　中国摄影出版社

6.《静物摄影》作者：邵大浪　寿冰青　吉林摄影出版社

7.《美国纽约摄影学院摄影教材》责任编辑：张宗莸　张文志　中国摄影出版社

8.《摄影大师的户外拍摄秘诀》（美）博伊德·诺顿 著　浙江摄影出版社